附　　图

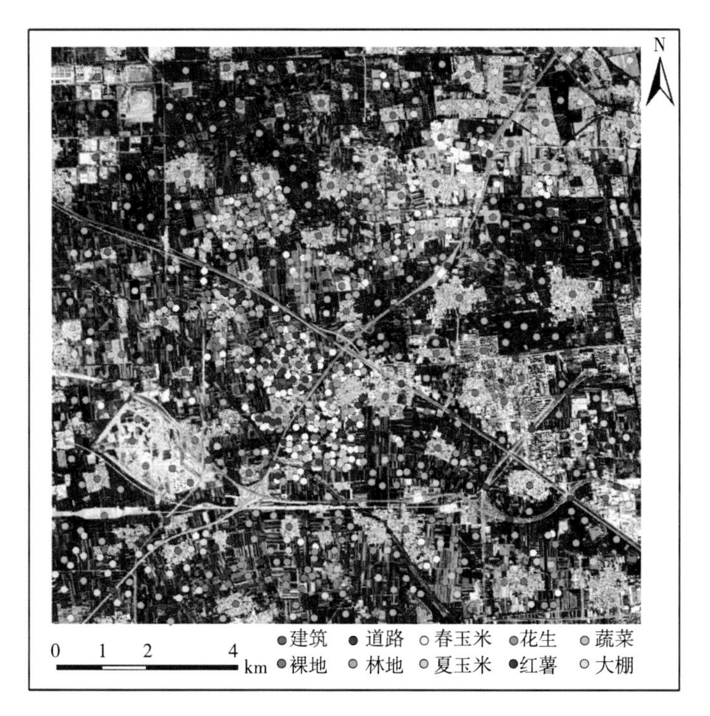

图2.2　调查样点空间分布

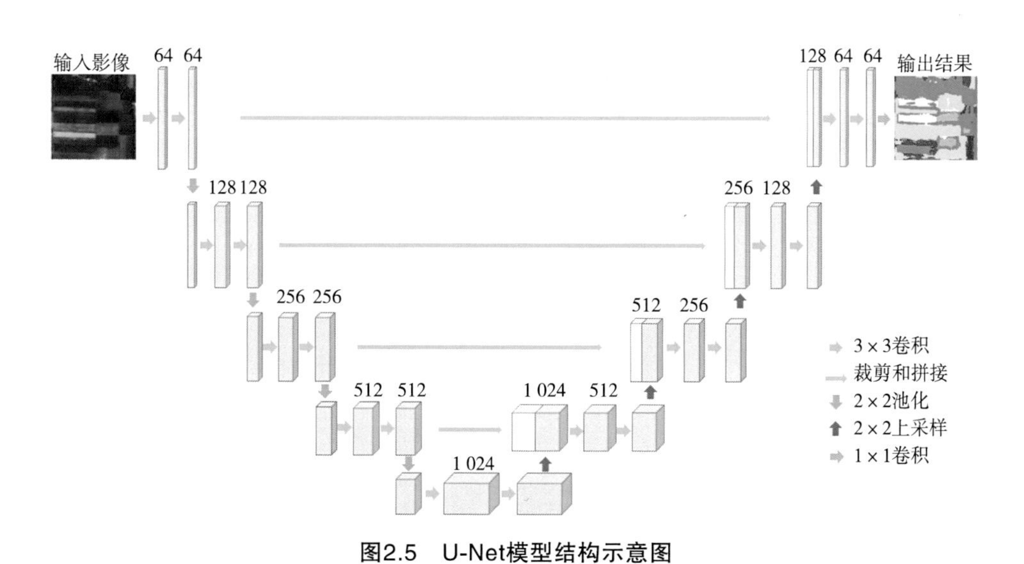

图2.5　U-Net模型结构示意图

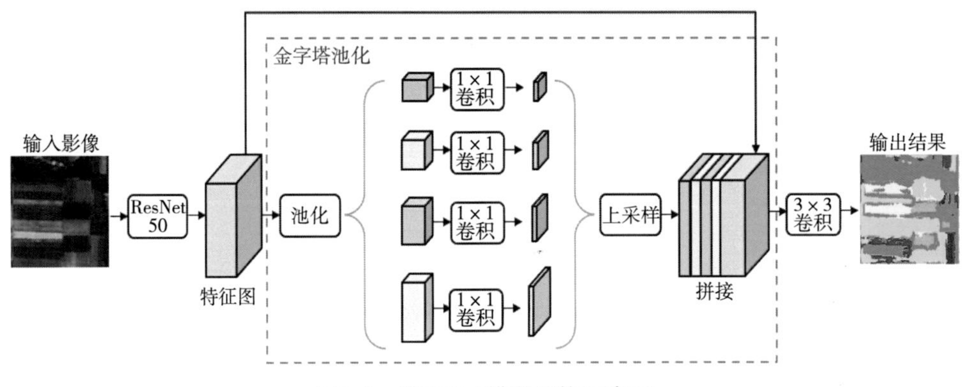

图2.6　PSPNet模型结构示意图

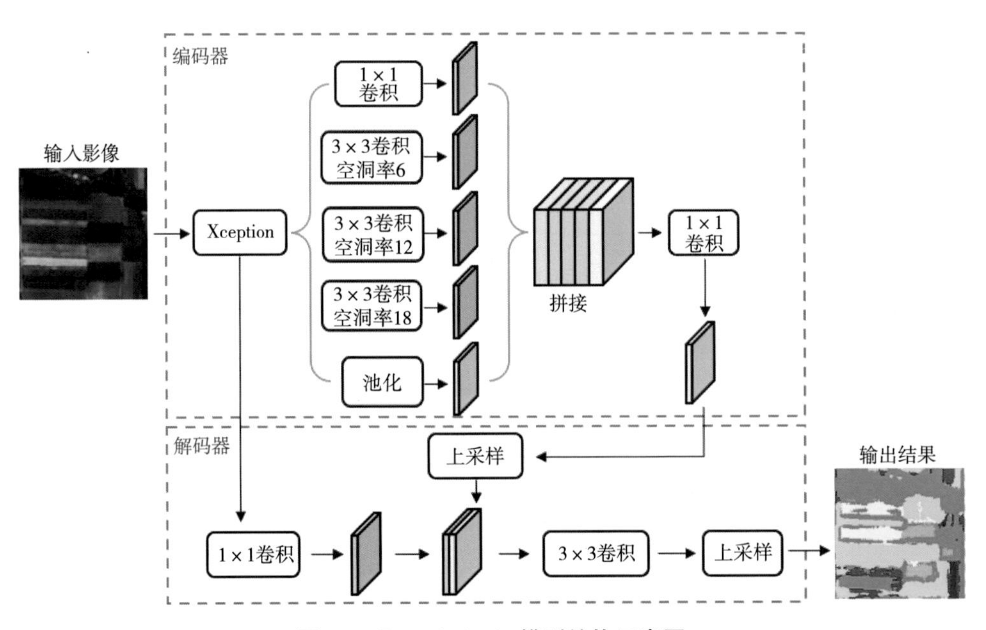

图2.7　DeepLabv3+模型结构示意图

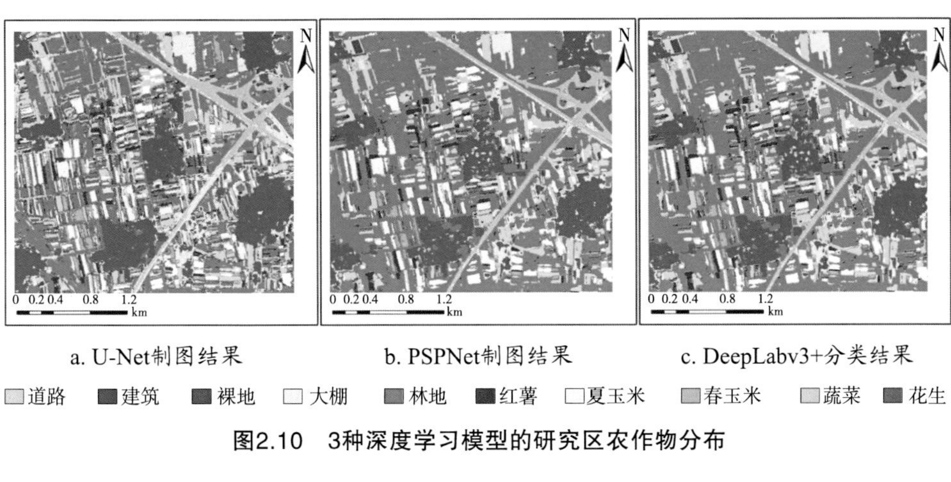

图2.10　3种深度学习模型的研究区农作物分布

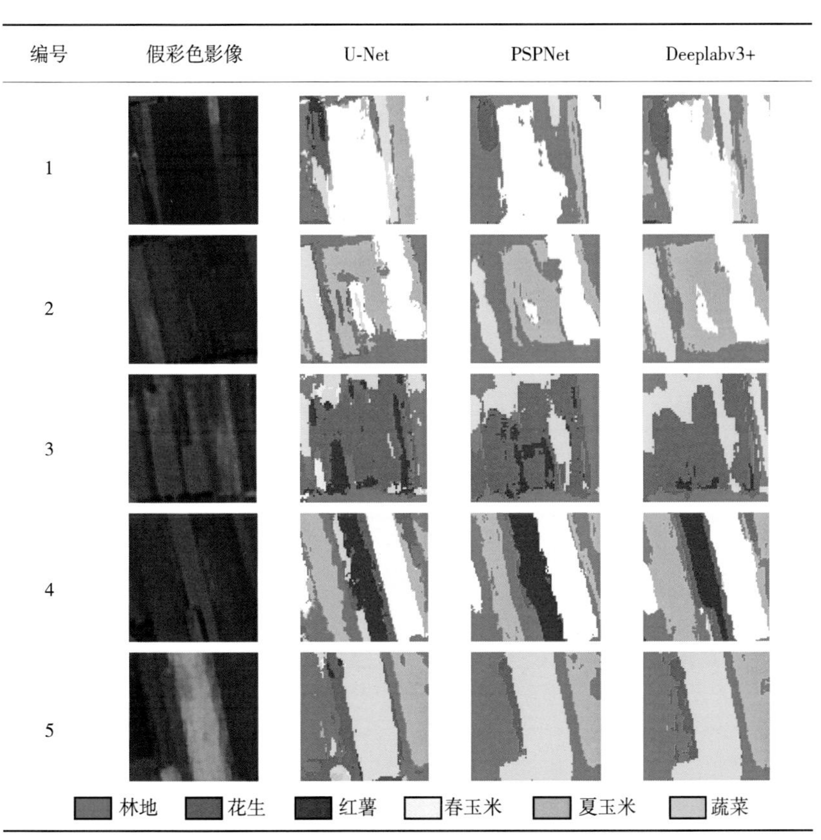

图2.11　3种深度学习模型下的农作物制图结果（局部）

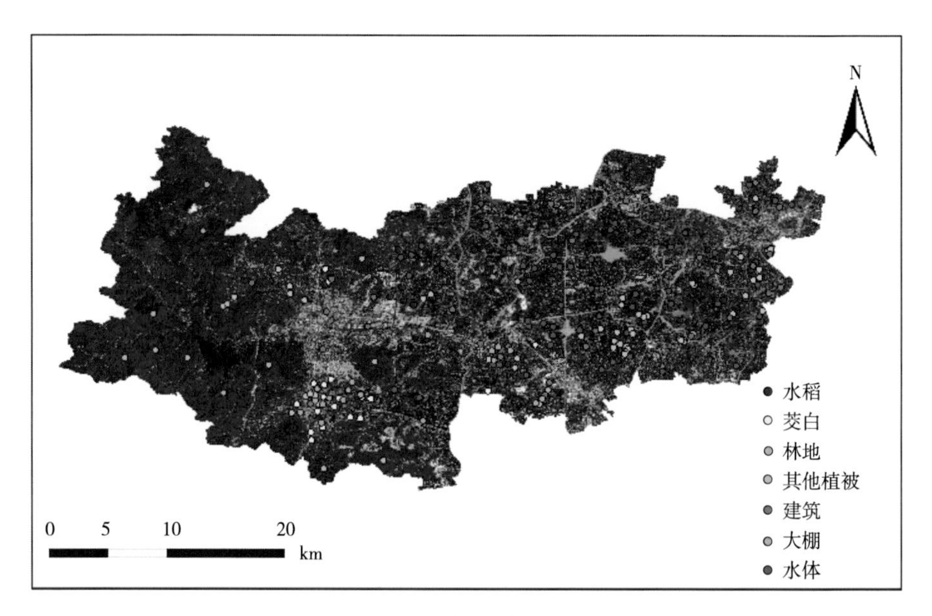

图3.1 研究区地理位置

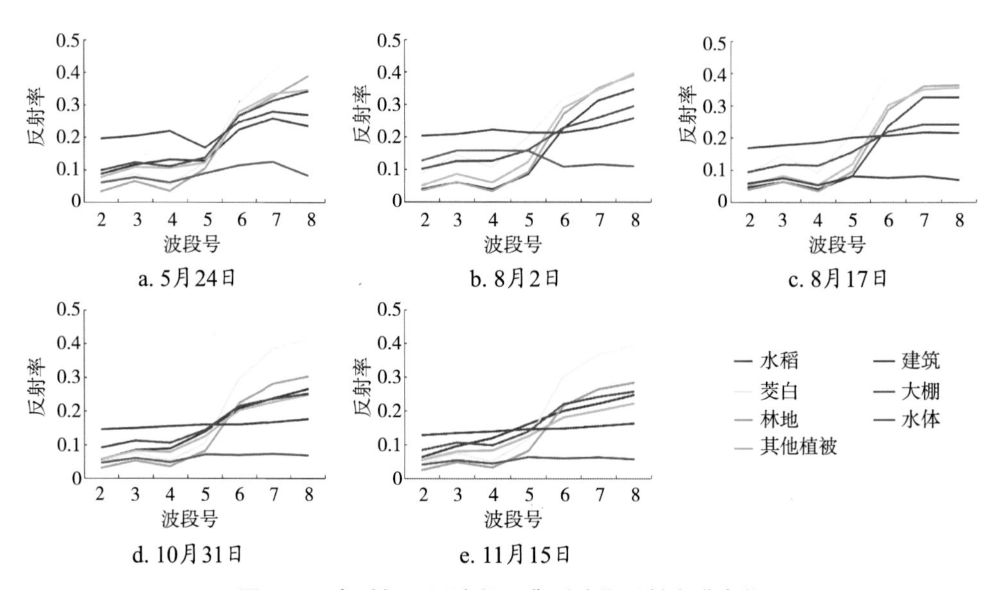

图3.2 5个时相不同波段下典型地物反射光谱变化

附　图

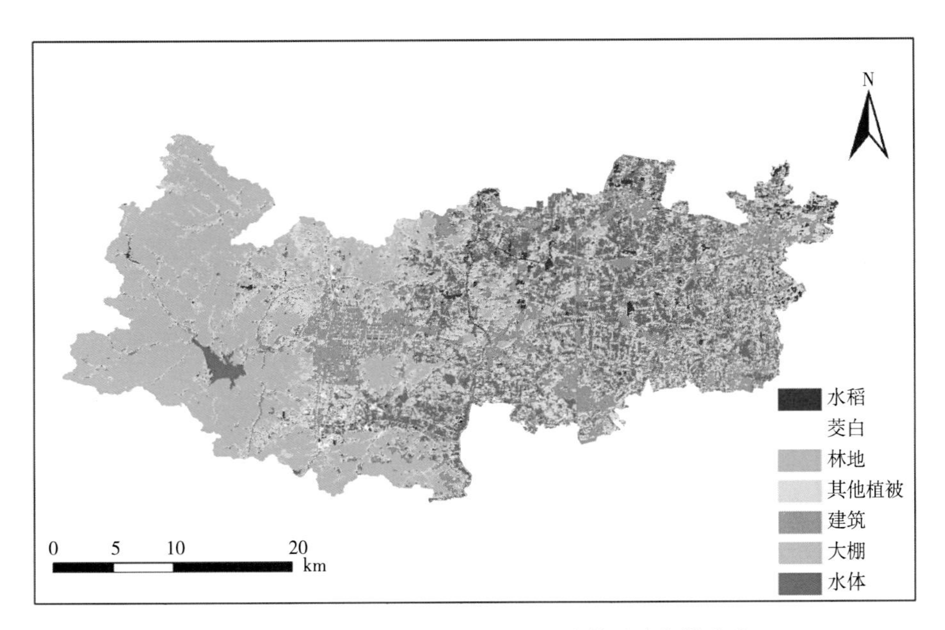

图3.4　联合各种红边波段研究区7种典型地物的分类

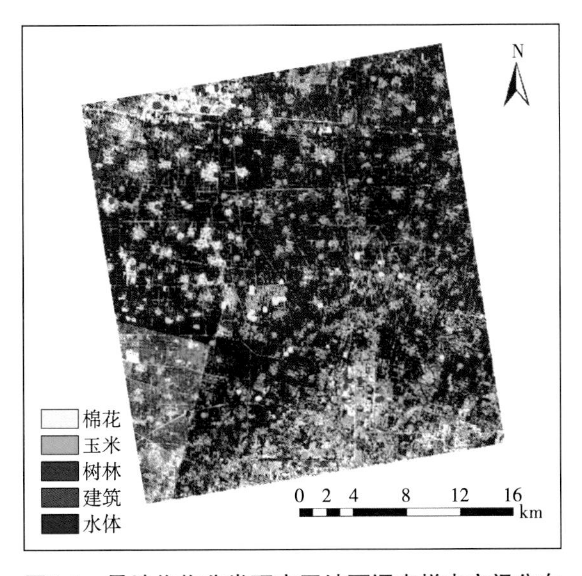

图4.1　旱地作物分类研究区地面调查样本空间分布

图4.2 衡水市夏玉米和棉花生育期比较

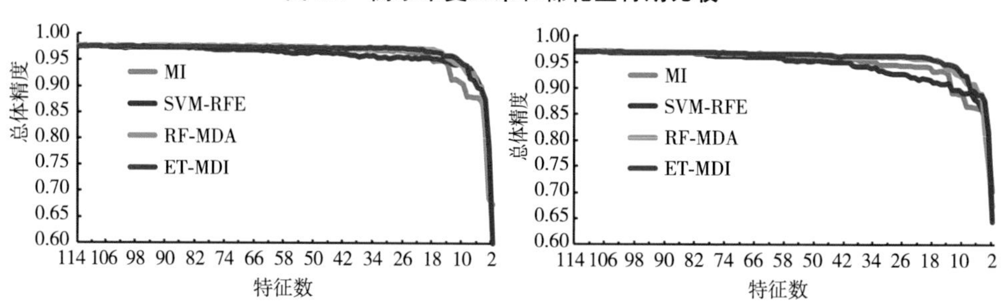

图4.8 后向消除特征选择精度变化

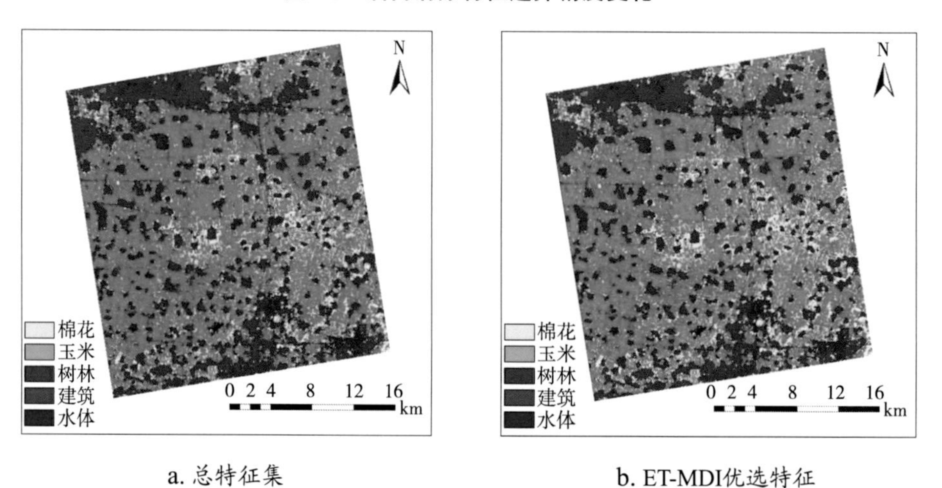

图5.1 总特征集和ET-MDI优选特征集的分类结果

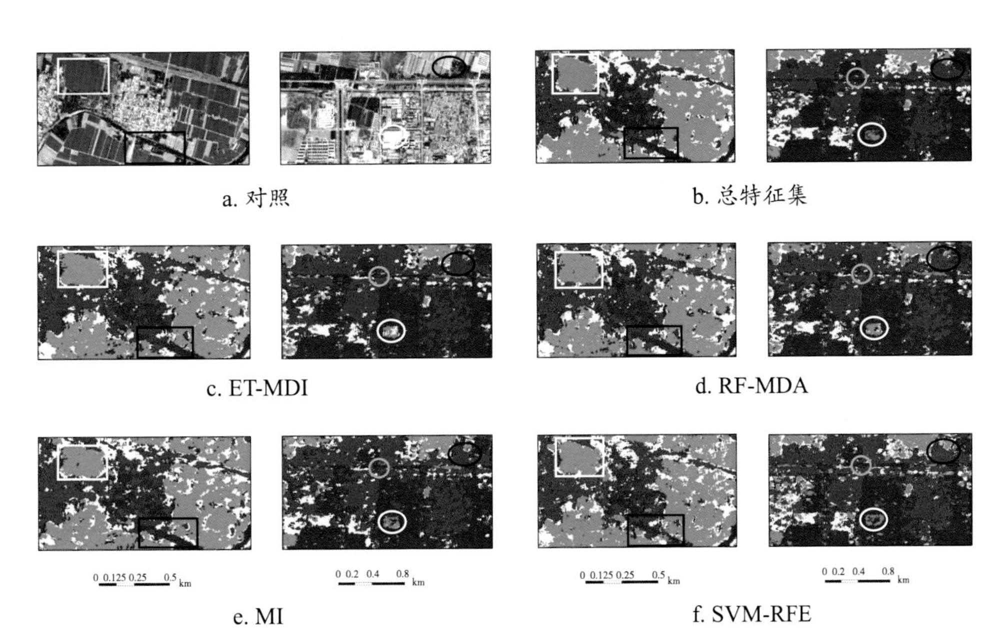

a. 对照　b. 总特征集

c. ET-MDI　d. RF-MDA

e. MI　f. SVM-RFE

图5.2　不同特征下的分类结果局部细节对比

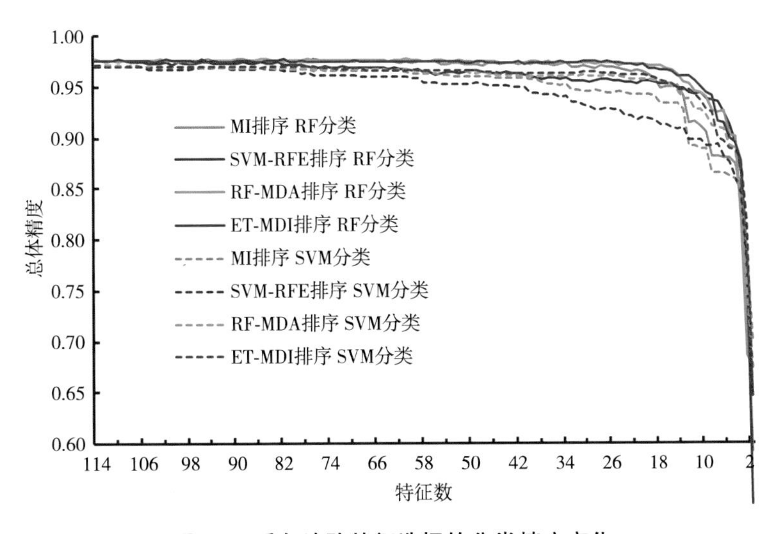

图5.3　后向消除特征选择的分类精度变化

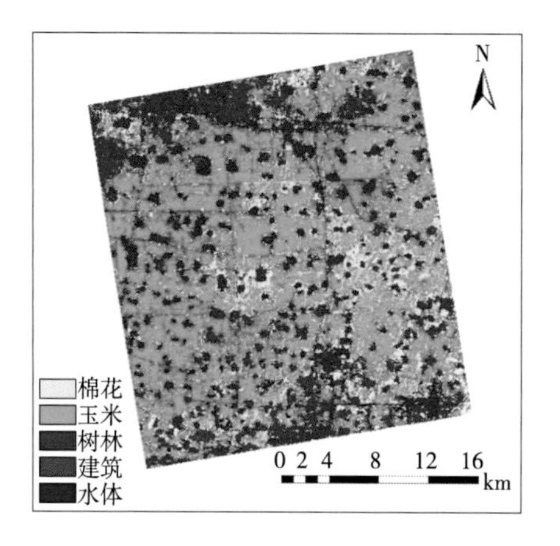

a. 随机森林

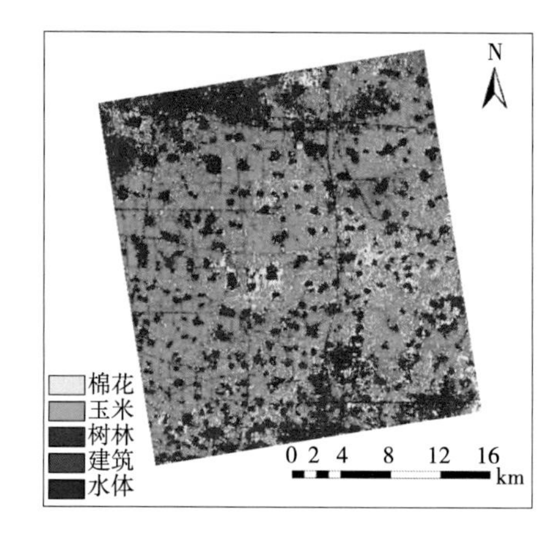

b. 支持向量机

图5.4　随机森林和支持向量机算法的分类结果

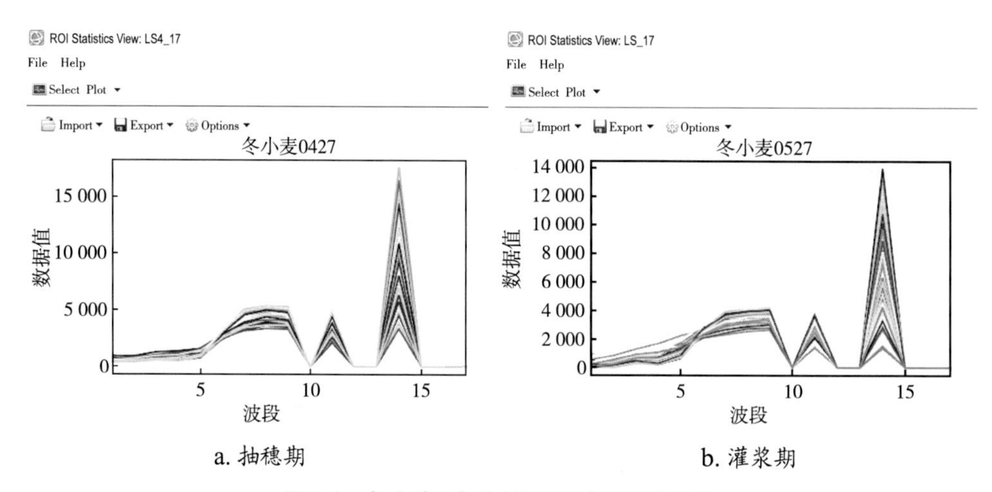

a. 抽穗期

b. 灌浆期

图6.4　冬小麦2个生长期光谱反射率曲线

基于多源遥感数据的农作物分类与叶面积指数反演研究

王 迪 田 甜 曾 妍 王玺森 朱逸青 著

中国农业科学技术出版社

图书在版编目(CIP)数据

基于多源遥感数据的农作物分类与叶面积指数反演研究 / 王迪等著. --北京：中国农业科学技术出版社，2022.10

ISBN 978-7-5116-5931-6

Ⅰ.①基… Ⅱ.①王… Ⅲ.①遥感数据-应用-作物-分类-研究②遥感数据-应用-作物-叶面积指数-反演算法-研究 Ⅳ.①S502.3

中国版本图书馆 CIP 数据核字(2022)第 174731 号

责任编辑 马维玲 崔改泵
责任校对 王 彦
责任印制 姜义伟 王思文

出 版 者 中国农业科学技术出版社
北京市中关村南大街 12 号 邮编:100081
电 话 (010) 82109194 (编辑室) (010) 82109702 (发行部)
(010) 82109702 (读者服务部)
网 址 https://castp.caas.cn
经 销 者 各地新华书店
印 刷 者 北京建宏印刷有限公司
开 本 170 mm×240 mm 1/16
印 张 9 彩插 8 面
字 数 206 千字
版 次 2022 年 10 月第 1 版 2022 年 10 月第 1 次印刷
定 价 50.00 元

内 容 提 要

本书依据作者承担的中央级公益性科研院所基本科研业务费专项项目“基于合成孔径雷达数据的旱地作物识别与长势监测研究”（IARRP-2017-16）和国家自然科学基金项目“基于三位一体空间抽样理论研究及其二联查找表研建”（No. 41531179）的研究成果撰写而成。农作物分类与叶面积指数反演是农作物面积、空间分布及长势监测的重要环节与关键前提。及时准确获取农作物面积、空间分布与长势信息对于加强农业生产管理，优化农业种植结构与布局，保障农产品有效供给和国家粮食安全具有重要意义。尽管国内外众多学者使用各种遥感数据源，采用多种方法开展了大量的农作物分类与叶面积指数研究与实践，然而，目前对于地块零碎、种植结构复杂区的农作物分类与叶面积指数反演精度仍不高，针对多种农作物类型与遥感数据源，尚未明确农作物分类的关键特征类型、数量，更未进行叶面积指数反演模型或算法的优选。鉴于此，本书利用光学、SAR 等多种遥感数据源及地面实测数据，采用机器学习、深度学习等多种算法，进行各种农作物的精细分类与叶面积指数反演研究，明确了旱地作物极化 SAR 分类的关键特征类型、数量与最佳分类时相，确定了旱地作物极化 SAR 分类的最优方法，优选出适合农作物精细分类的深度学习模型，揭示了冬小麦叶面积指数遥感反演的关键影响因子，建立了面向冬小麦叶面积指数遥感反演的深度学习模型，旨在为改善农作物面积、空间分布及长势监测的精度和效率提供参考依据。全书共七章，主要内容包括：第一章农作物分类与叶面积指数遥感反演的研究现状与存在问题分析；第二章基于 GF-1 卫星多光谱影像的种植结构复杂区农作物精细分类研究；第三章多时相 Sentinel-2 卫星遥感影像的水稻识别研究；第四章旱地作物极化 SAR 分类特征优选研究；第五章基于星载全极化 SAR 数据的旱地作物分类研究；第六章基于深度学习模型的冬小麦叶面积指数遥感反演研究；第七章研究结论与展望。

本书具有较强的系统性、创新性和实用性，可供从事农业遥感、雷达遥感、农业农村社会经济调查、地学、生态、环境等领域的科研与技术人员以及高等院校相关专业师生参考使用。

目　　录

第一章　绪　　论

第一节　研究背景及意义

我国旱地种植面积大，占耕地总面积的59 %，且空间分布广，对粮食产量贡献高（Wang et al.，2021）。随着农业现代化建设的大力推进，及时、准确获取农作物空间分布和长势信息可有效配置农业生产要素，推动农业生产向种植精准化、专业化和智能化方向发展（刘哲等，2018；张鹏 等，2019）。遥感技术具有探测周期短、调查成本低、覆盖范围广等优点，已成为世界各国进行农作物识别、长势监测及产量估算等研究应用的主要手段（史舟 等，2015；王迪 等，2014）。

我国北方旱地秋收作物主要生长期内云雨雾天气频繁，无法获取足量有效的光学遥感影像；合成孔径雷达（Synthetic Aperture Radar，SAR）虽然能够全天时、全天候对地物目标进行监测，但现有研究利用星载SAR数据进行旱地作物分类研究的精度普遍不高。对此，利用多波段多源多格式多时相极化SAR数据进行旱地作物（玉米、棉花等）分类研究，分析SAR系统工作频率、SAR数据获取时相、特征提取、极化分解方法等因素对农作物分类精度的影响，优选适合旱地作物极化SAR分类的波段、特征及时相，旨在为推动解决华北地区高质量光学遥感影像获取不足而制约农作物遥感监测的准确性和时效性的问题，达到改善旱地作物识别精度，提高识别效率的目的，为旱地作物种植面积及空间分布的快速提取提供参考。

一、卫星遥感农作物分类研究进展

（一）卫星多光谱农作物分类数据源

在农作物分类中常见的卫星多光谱影像主要有 Landsat 数据、MODIS 数据、HJ-1A/B CCD 数据、Sentinel-2 数据和高分系列多光谱数据。国内外多光谱遥感农作物分类研究常用数据源、研究对象等如表 1.1 所示。张健康等（2012）将 Landsat TM/ETM+影像与 MODIS 的 EVI 和 NDVI 指数相结合，采用决策树法对黑龙港地区冬小麦、棉花、夏玉米、果树和蔬菜进行分类，得到较好分类精度。刘佳等（2015）利用 HJ-1A/B CCD 数据生成 NDVI 时间序列，通过设置不同 NDVI 阈值利用决策树法实现了冬小麦、夏玉米、春玉米、棉花及小宗农作物的分类，总体分类精度达到了 90.9 %。Immitzer et al.（2016）探索了 Sentinel-2 数据应用于农作物分类研究的效果，采用随机森林方法对奥地利 6 种夏季作物和冬季作物分类，结果表明红边和短波红外波段对农作物制图的贡献最大。Sonober et al.（2017）利用 Landsat 8 OLI 数据光谱反射率及计算的植被指数对日本北海道地区的 6 种农作物分类，结果表明基于短波红外波段计算的植被指数可有效提高分类精度，精度高达 94.5 %。梁继等（2020）利用 GF-6 WFV 数据，构建红边归一化植被指数 NDVI710 和 NDVI750，对玉米、水稻和大豆进行分类，结果表明含有红边波段的植被指数在农作物分类研究中表现优越。目前，应用于农作物分类的卫星多光谱数据多采用中低空间分辨率遥感影像，面向小麦、玉米和大豆等大宗农作物开展大范围农作物制图研究。大宗农作物种植面积大，地块规整，尤其是国外的农业区耕地集中连片分布，机械化程度高，在一定程度上降低了分类难度。随着高分辨率卫星成像技术的发展，地物分类更加精细化，如何在小尺度、高精度的农作物分布场景下获取可靠的制图精度仍需进一步探索。

表 1.1 常用卫星多光谱数据源总结

年份	作者	研究对象	使用数据	空间分辨率/m	精度/%
2012	张健康 等	冬小麦、棉花、夏玉米、果树、蔬菜	Landsat-MODIS	30	91. 30
2015	Li et al.	玉米、大豆、冬小麦	Landsat-MODIS	30	90. 87
2015	刘佳 等	冬小麦、夏玉米、春玉米、棉花、小宗农作物	HJ-1A/B CCD	30	90. 90
2015	Carlos et al.	大豆、玉米	MODIS	250	86. 00
2016	Immitzer et al.	胡萝卜、玉米、洋葱、大豆、甜菜、向日葵、冬季作物	Sentinel-2	10	90. 30
2017	李冰 等	冬小麦、春花生、西瓜、夏玉米、夏花生、秋播蔬菜	GF-1 PMS	8	>80. 00
2017	Sonobe et al.	大豆、甜菜、玉米、西红柿、马铃薯、小麦	Landsat-8	30	94. 50
2019	汪小钦 等	辣椒、棉花、香梨、芦苇、小麦	Landsat-8	30	81. 50
2020	梁继 等	玉米、大豆、水稻	GF-6 WFV	16	87. 43

（二）卫星遥感农作物分类方法

农作物遥感分类主要包括遥感数据选择、分类特征变量优选、分类算法选择及精度评估 4 个方面。针对上节总结的多光谱遥感数据源，表 1. 2 列出了对应的国内外学者常采用的农作物分类方法。从表中可以看出，在使用 MODIS、Landsat、HJ-1 等中低分辨率数据时，学者主要是从数据中提取植被指数时间序列特征来寻找不同农作物间的物候差异进行分类，分类算法以决策树法为主。如郭昱杉等（2017）利用 MODIS NDVI 时间序列结合农作物的物候信息，采用决策树法对黄河三角洲主要农作物进行了种植信息提取，空间匹配总体精度达 86. 9 %。李晓慧等（2019）获取了 Lansat-8 OLI 影像中农作物的 NDVI

时间序列，根据不同农作物 NDVI 时间序列的差异设置了不同的分类阈值输入决策树进行分类并与最大似然法对比，结果表明决策树分类方法较优，总体分类精度高出 22.51 个百分点。另一方面，以 Sentinel-2、GF-1 为数据源的农作物分类研究，则是利用多个时相数据的光谱特征、时相特征结合一些辅助特征（纹理、形状等）进行分类，分类算法多采用随机森林算法。如 Vuolo et al. （2018）获取了农作物生长季的 8 景 Sentinel-2 影像，采用随机森林算法对研究区的 9 种农作物分类，结果表明多时相信息显著提高了农作物分类精度。Song et al. （2017）以空间分辨率为 16 m 的多时相 GF-1 数据为基础进行农作物分类，提取各农作物的光谱、植被指数和纹理特征，利用随机森林分类器分类，结果表明总体分类精度在 87 %以上。然而，上述研究的分类过程中，最优特征选择这一步需耗费大量的时间和精力，分类前的工作量较大。如 Yin et al. （2020）利用农作物的全局可分性指数对所有特征进行排序，并根据新增特征后精度变化剔除冗余特征进行分类。Liu et al. （2020）使用最大似然分类-递归特征消除和支持向量机-递归特征消除方法选择最优分类波段，并进一步分析不同方法的分类结果。虽然优选的特征在一定程度上提高了分类精度，但也带来了计算量大、特征间相关性高的问题。在分类算法上，基于决策树、随机森林等“浅层”结构算法的分类对提取的低层特征依赖性大，导致多数情况下小宗农作物的分类结果较差、泛化能力不强。

表 1.2　卫星多光谱农作物分类方法总结

数据源	年份	作者	研究对象	分类特征	分类算法	精度/%
MODIS	2017	Massey et al.	玉米、大豆、小麦、大麦、苜蓿等 7 种农作物	NDVI 时间序列	DT	>78.0
MODIS	2017	郭昱杉 等	冬小麦、棉花、玉米	NDVI 时间序列	DT	86.9
Landsat-8	2018	Asgarian et al.	小麦、大麦、苜蓿、水稻、蔬菜等 8 种农作物	光谱+时相	DT+SVM	>90.0

续表

数据源	年份	作者	研究对象	分类特征	分类算法	精度/%
Landsat-8	2019	李晓慧 等	马铃薯、谷物、大豆、玉米	NDVI 时间序列	DT、MLC	85.3
Landsat-5 HJ-1 CCD	2014	Hao et al.	棉花、玉米、葡萄、小麦、西瓜、西红柿	光谱+NDVI 时间序列	SVM	>90.0
Sentinel-2	2018	Vuolo et al.	玉米、小麦、洋葱、甜菜等 9 种农作物	光谱+时相	RF	>95.0
Sentinel-2	2020	邓继忠 等	玉米、小麦、棉花、葡萄、辣椒等 7 种农作物	光谱+时相	DT、RF、SVM	94.2
GF-1 WFV	2017	Song et al.	大豆、甜菜、玉米、西红柿、马铃薯、小麦	光谱+时相+纹理	RF	>87.0
GF-1 WFV	2017	黄健熙 等	大豆、玉米、小麦	光谱+时相	RF、SVM、MLC	84.8

近年来，深度学习方法在遥感领域受到广泛关注。深度学习是一种通过多层神经网络从原始数据中分层提取特征的表示学习方法。相比于 SVM、RF 等机器学习方法，深度学习方法能从原始数据中自动抽取特征，大限度、深层次地挖掘数据本身的信息，避免了昂贵的人工特征筛选流程，因而受到农作物分类研究人员的广泛关注（Ma et al.，2019；Vali et al.，2020；Yuan et al.，2020）。表 1.3 列出了近年来国内外学者进行农作物分类所采用的深度学习方法。

表 1.3 深度学习农作物分类方法总结

年份	作者	数据源	研究对象	分类算法	精度
2017	Kussal et al.	Landsat-8 Sentinel-1	玉米、小麦、向日葵等 11 种地物	2D CNN、1D CNN、RF	2D CNN 最优（94.6 %）
2018	Ji et al.	GF-2	玉米、水稻、大豆、大棚、树	3D CNN、2D CNN、SVM、KNN	3D CNN 最优（95.9 %）
2018	Jiang et al.	HJ-1 CCD	水稻、森林、水体	1D CNN、SVM	1D CNN 最优（93.6 %）

续表

年份	作者	数据源	研究对象	分类算法	精度
2018	Mullissa et al.	Sentinel-1	马铃薯、甜菜、胡萝卜、洋葱、玉米等 13 种农作物	FCN、1D CNN、SVM	FCN 最优（54.2 %）
2019	Zhong et al.	Landsat-7 Landsat-8	水稻、玉米、苜蓿、西红柿、葫芦等 13 种农作物	1D CNN、LSTM、XGBoost、RF、SVM	1D CNN 最优（85.54 %）
2019	Zhao et al.	Sentinel-2	葡萄园	1D CNN、RF	CNN 最优（89.7 %）
2019	Ji et al.	GF-2	玉米、水稻、甘蔗、树	3D FCN、3D CNN、U-Net、DeepLabv3+	3D FCN 最优（97.6 %）
2020	Liao et al.	RADARSAT-2 VENμS	大豆、玉米、小麦等 7 种地物	1D CNN、RNN、MLP、XGBoost、RF、SVM	1D CNN 最优（96.72 %）
2021	卢元兵 等	Landsat-8	玉米、小麦、向日葵等 13 种农作物	3D-2D CNN、3D CNN、2D CNN、SVM、RF	3D-2D CNN 最优（88.58 %）
2021	Laban et al.	Sentinel-2	甜菜、小麦、树等 8 种地物	U-Net、SegNet、1D CNN、SVM、MLP、RF、KNN	U-Net 最优（96 %）
2021	Debella et al.	Sentinel-2	大豆、甜菜、玉米、西红柿、马铃薯、小麦	2D CNN、1D CNN、MLP	2D CNN 最优（94 %）

由表 1.3 可以看出，卷积神经网络（Convolutional Nerual Network，CNN）是目前常用的深度学习模型。CNN 具有多层互联通信道，可将各种低层特征融合到高层次的特征中以表示复杂的光谱和空间特征分量，能有效提高分类精度。根据卷积核的维度，CNN 可划分为一维 CNN（1D CNN）、二维 CNN（2D CNN）和三维 CNN（3D CNN）。1D CNN 通常用于提取时间或光谱特征进行分类，2D CNN 侧重空间特征提取，3D CNN 则综合使用空间、时间或光谱特征分类。如 Kussul et al.（2017）使用 Landsat-8 和 Sentinel-1 时间序列影像，构建了具有相同网络结构的 1D CNN 和 2D CNN 对乌克兰试验区玉米、小麦、向日葵等 11 种地物分类，结果表明 2D CNN 的分类结果优于 1D CNN。卢

元兵等（2021）以 Landsat-8 多时相影像为数据源，提出了一种混合三维和二维卷积的神经网络模型 3D-2D CNN 对美国加利福尼亚州的 13 种农作物分类。结果表明 3D-2D CNN 优于 3D CNN、2D CNN、SVM 和 RF 方法，总体分类精度为 88.58 %。全卷积网络（Fully Convolution Networks，FCN）是 CNN 的变体，其将 CNN 末尾的全连接层替换为反卷积层，有效保留了输入影像的空间特征信息，分类更加精细。经典的全卷积网络模型有 FCN、SegNet、U-Net、PSPNet 和 DeepLab 等。Mullissa et al.（2018）使用 FCN 模型对多时相 Sentinel-1 数据的农作物分类，结果表明与 CNN 和 RF 相比，FCN 分类结果噪声较小，分类精度较高。Laban et al.（2021）提出了一种小样本量训练 U-Net 网络的方法对 Sentinel-2 影像中的甜菜、小麦等地物分类取得了较好的分类效果。另外，有学者将长短期记忆网络（Long Short-Term Memory，LSTM）引入农作物分类任务中，并与 CNN 对比。因为 LSTM 对时序数据敏感，可学习时间序列数据间的长期依赖关系，适用于利用时序特征分类的任务。Liao et al.（2020）结合多时相 RADARSAT-2 全极化 SAR 和 VEN μs 数据，采用 1D CNN、LSTM、多层感知器（Multilayer Perceptron，MLP）、极端梯度提升（eXtreme Gradient Boosting，XG-Boost）、RF 和 SVM 算法对加拿大安大略省伦敦农业区的大豆、玉米、小麦、草地等 6 种地物分类，结果显示 1D CNN 分类结果最优，总体分类精度为 96.72 %。Zhong et al.（2019）以 Landsat EVI 时间序列为数据源，采用 LSTM 和 1D CNN 2 种深度学习模型对美国加利福尼亚州优洛县的 13 种夏季作物分类，结果表明 1D CNN 分类效果更好，总体分类精度为 85.54 %。

总的来看，在深度学习农作物分类研究中，多数学者将 CNN 等深度学习方法与传统机器学习方法进行对比，结果表明 CNN 要优于传统机器学习方法且分类精度有较大提升。然而，上述研究较多关注于玉米、小麦、水稻等大宗农作物，而使用深度学习模型进行种植结构复杂区小宗农作物提取的研究并不常见。虽然 Mullissa、Zhong 对类型多样的农作物进行分类，但其研究区地块规整，农业种植机械化程度高，一定程度上降低了分类难度；另外，部分小宗农作物仍存在精度不高的问题需要改善。

二、农作物分类特征优选研究进展

全极化 SAR（简称极化 SAR）具有 4 个极化通道，能够全面刻画观测目标的散射机制从而提供丰富的地表信息，利用各种极化目标分解方法可以从极化散射矩阵中提取大量极化参数，作为特征变量输入分类器。然而特征过多容易降低分类器性能，特征选择可以最大程度降低特征维数，减少冗余信息的干扰，使分类器具有更好的泛化能力。

特征选择是遥感分类的重要步骤之一，选择并利用合适的特征变量是提高农作物分类精度和效率的有效途径（Wang et al.，2010；吴炳方 等，2004）。根据特征选择与学习方法结合的不同方式，特征选择方法可分为以下 3 种（Langley，1997；Liu et al.，2005）：过滤式（Filter）、封装式（Wrapper）、嵌入式（Embedded）。Filter 方法按照可分离性或相关性对各特征进行评分，只考虑特性和类标签之间的关联，不与后续分类模型相关。另外，与 Wrapper 方法相比，该模型具有较低的计算代价。Wrapper 方法的主要思想是将特征选择看作一个搜索寻优问题，生成不同的特征子集，通常以分类精度作为评价标准，对各子集进行评价和比较。Embedded 方法在选定模型的情况下，选取出对模型训练有利的特征。特征选择和算法训练同时进行，在这个过程中，得到各个特征的权重系数，这些权值系数往往代表了特征对于模型的某种贡献或某种重要性。

光学影像的农作物分类研究中，这 3 类特征选择方法都得到了应用（Villa et al.，2015；Khosravi et al.，2018；Kang et al.，2021）。许

多研究使用了 Filter 方法，它们通过计算信息量或地物可分离性来对特征评分（王娜 等，2017），类内类间距离（Cui et al.，2020）、全局可分性指数（Hu et al.，2019；Yin et al.，2020）、ReliefF 以及由 ReliefF 改进的多种分离阈值法（王庚泽 等，2021；张鹏 等，2019）都是常见的特征选择方法。一些研究选择了 Wrapper 方法中的 SVM-RFE（Yang et al.，2019）来度量特征性能，结果表明 SVM-RFE 能够提高分类精度，尤其在小规模的训练中很有优势（Yang et al.，2020）。Embedded 方法中最常用的是随机森林算法（Gilbertson et al.，2017；Hariharan et al.，2018；Mercier et al.，2019），通常使用随机森林的平均精度下降（Mean Decrease in Accuracy，MDA）或平均不纯度下降（Mean Decrease in Impurity，MDI）来评价特征重要性，再由此选择一定数量的特征。

特征选择是一个典型的优化问题，只能依据评价或搜索准则，经穷举搜索得到最优解。常见的特征选择方法都只能给每个特征或特征集打分，进行特征选择时仍需对参数设置阈值或指定特征数，而不能直接确定最优特征子集的大小和内容。深度学习方法中也有特征选择的步骤，但其提取和选择的特征并没有明确的物理意义，不能将特征选择结果直接应用于其他种植类型相似的地区。大部分遥感农作物分类研究仅使用过滤、包装或嵌入中的一种典型方法，其中一些研究改进某种方法后与原方法进行比较，这样的选择较为主观，方法对比也不够全面。个别研究对不同类型的特征选择方法进行比较，但常常基于先验知识或主观判断决定选择的特征个数，这样选出的特征子集未必是该特征选择方法下的最佳子集，不足以证明所使用的方法在农作物分类特征选择中的优越性。为了降低人的主观性的影响，一些研究基于上述特征选择度量，通过迭代的方式自动选择特征（Orynbaikyzy et al.，2020；Sun et al.，2020），即将全部特征依序以递增或递减的方式输入分类器，以分类精度等作为评价准则，以变化最明显的拐点为最优特征集分界点，能够客观地确定特征数目。

各类特征选择方法还未应用到基于SAR数据的分类领域，只有少量研究结合光学和SAR影像提取多种特征后进行特征选择，且使用的方法也是Filter方法或Embedded方法中的经典方法，如：类内类间距离、随机森林。在这些有限的研究中，大多数使用的SAR数据源都是Sentinel-1，由于Sentinel-1只有2个极化方式，能够提取的特征也十分有限，此时的特征选择主要仍是为光学影像服务，在针对SAR数据源的特征选择方面缺乏有效通用方法的研究。极化SAR数据相比单双极化能够提取大量特征，如何从中找到最优子集提高农作物分类的效率或精度是一个值得深入的方向。本研究尝试将更先进的各类特征选择方法应用于极化SAR数据，观察在其他领域特征选择中的一些优秀方法是否也同样适用于极化SAR农作物分类，对比不同特征选择方法在极化SAR分类特征选择中的表现。

三、农作物SAR分类研究进展

通常，提高分类精度的途径有2种：其一，通过提取与地物类别相关性更强的新特征，提高特征集本身区分地物的能力；其二，引入新方法或改进已有方法，更充分地利用分类信息。前者是分类特征选取问题，后者则是分类算法研究。分类算法是图像分类最重要的组成部分之一，对分类精度起着决定性作用（Silva et al.，2008）。农作物SAR分类使用的算法主要包括2种类型：基于概率密度的传统统计方法、机器学习方法。

（一）传统统计方法

传统统计模型本身有较明确的数学形式，并且一般对数据有一定的假设，如最大似然分类（MLC）、Wishart分类、Hoekman Vissers分类等，这些分类模型的成立都基于目标散射回波服从正态分布（即高斯分布）的假设。传统统计方法尤其是Wishart分类已广泛应用于极化SAR农作物分类研究中（Dickinson et al.，2013；Skriver et al.，2011；高晗 等，2019；化国强 等，2011；邢艳肖 等，2016）。高晗等（2019）利用H/α-Wishart和H/A/α-Wishart分类方法对湖南省岳阳县洞庭湖试验区域的GF-3极化SAR数据进行分类，总体精度分别为85.3 %、86.57 %。Wishart分类是农作物SAR分类中最常用的方法之一，虽然简单易行，但它存在机理性不足的问题，目标回波的实际分布往往与假设存在差距，导致分类精度较低。部分研究使用了机载SAR作为数据源（邢艳肖 等，2016），由于影像的分辨率较高，因此，使用传统统计方法仍能获得较高的精度，但机载SAR数据难以获取，应用范围存在局限性。

（二）机器学习方法

机器学习方法假设分类规则是由某种形式的判别函数表示，通过训练样本计算函数中的参数，然后利用该判别函数对测试数据进行分类。机器学习方法使用训练数据估计分类边界完成分类，无须计算概率密度函数，不会对数据做出任何假设，克服了常规统计方法的一些不足，许多研究证明这类算法在进行农作物分类时获得了更高的精度，在众多机器学习方法中，农作物SAR分类研究常用的有支持向量机（Support Vector Machine，SVM）、决策树（Decision Tree，DT）、随机森林（Random Forest，RF）等。Zeyada et al.（2016）使用SVM对埃及尼罗河三角洲的水稻、玉米、葡萄和棉花进行分类，总体分类精度达到94.48 %。Chirakka et al.（2019）对10个极化参量进行敏感度分析，选择极化熵、平均散射角α和雷达植被指数（RVI）构建多时相DT，小麦和芥菜的分类精度分别达到91 %、92 %。Salehi et al.（2017）基于RADARSAT-2数据，采用面向对象的 RF 方法对油菜、谷类、玉米、大豆等进行分类，精度优于 DT 和 MLC，达到 90 %。

在光学影像分类中应用成熟的各种分类器，在逐步结合不同的目标分解方法应用于极化 SAR 影像分类中。SVM 和 RF 是农作物 SAR 分类中最常用的方法，在实际应用中，总体精度普遍达到 90 %。其中 SVM 分类最为突出，部分研究使用 SVM 方法甚至达到 95 %以上的精度（Li et al.，2019），当然这与使用的机载 SAR 数据分辨率较高也有关。与 SVM 相比，RF 需要定义的参数更少，在农作物分类研究中也取得了不错的效果，对于不同的研究对象，2 种方法的效果也不同。Raczko et al.（2017）在树种分类中比较了 SVM、RF，并认为 RF 实现了比 SVM 更高的总体分类精度。而 Thanh et al.（2018）对土地覆盖类型分类的研究表明，SVM 的总体精度高于 RF。但目前的研究中没有针对农作物 SAR 分类方法的比较研究，有必要评估不同分类器在这项任务中的性能。

四、农作物叶面积指数遥感反演研究进展

叶面积指数 LAI（Leaf Area Index）的概念最早由英国生态学家 Watson 于 1947 年提出，定义为单位土地面积上植物全部叶片总面积占土地面积的比值。它与植被的密度、结构（单层或复层）、树木的生物学特性（分枝角、叶着生角、耐荫性等）和环境条件（光照、水分、土壤营养状况）有关，是表示植被利用光能状况和冠层结构的一个综合指标，在农学、林学、生物学、生态学等领域得到广泛应用（王希群 等，2005；余刚，2021）。叶面积指数可通过称重法、长宽法等直接测量获得，也可以利用相关测量工具（如 LAI-2000c、TRAC、MVI 等）获取冠层间隙度并通过相应计算公式计算获取（吴炳方 等，2004）。这些方法需要消耗大量人力和物力，并且只能获取小范围的 LAI，无法满足大面积植被监测的需要，具有一定局限性。1978 年，

生物学家 Bunnik Njj 第 1 次通过遥感影像提取了 LAI 数据，这为叶面积指数提取提供了一种新思路。随后，国内外学者纷纷开始利用遥感数据进行大范围的叶面积指数反演研究。当前 LAI 反演方法主要有 2 种。一种是利用 LAI 与植被指数之间的经验关系建立反演模型。经验模型根据特征变量选择的个数又可分为单变量模型和多变量模型。常见的单变量模型主要有一元线性模型、幂函数模型、指数模型、多项式模型等。如王秀珍等（2004）使用高光谱位置和植被指数作为特征变量，采用一元线性模型、对数模型、多项式模型等方法反演水稻 LAI。结果表明，蓝边内一阶微分的总和、红边一阶微分的综合的比值和归一化差值植被指数为最佳变量。Wiegand et al.（1992）使用绿度植被指数、垂直植被指数等 6 种植被指数拟合小麦 LAI 反演方程，结果表明使用幂函数模型和二次方程模型的效果最好。多变量模型主要分为多元逐步回归、支持向量机回归、随机森林回归、偏最小二乘回归、多元线性回归等模型。Wang et al.（2019）联合使用 Sentinel-1、Sentinel-2 和 Landsat-8 数据，采用多元线性回归、支持向量机回归和随机森林回归 3 种模型实现了牧草 LAI 估算。Srinet et al.（2019）以 Landsat-8 OLI 为数据源，采用随机森林回归模型较好的预测了热带落叶林 LAI 的分布情况。经验模型方法简单且运算速度快，但由于光谱反射率是地表和大气理化参数的多元非线性函数，所以与 LAI 之间没有统一的关系。由于缺乏对辐射传输机制的深入研究，因而经验模型的通用性、稳定性较差。为提高 LAI 反演的稳定性，近年来基于辐射传输模型的 LAI 反演方法迅速发展。如李剑剑等（2017）利用无人机高光谱数据结合 PROSPECT+SAIL 模型构建了研究区多类型农作物的查找表反演农田 LAI，总估算精度的相关系数 R^2 达 0.82。Masemola et al.（2016）利用 PROSAIL 模型生成模拟数据集，将人工神经网络和查找表方法的结果与经验模型结果比较。结果表明，物理模型的反演精度高于经验模型。物理模型具有完整的理论基础，模型参数具有明确的物理意义，因而基于辐射传输模型的 LAI 反演方法具有良好的时空普适性。但该模型计算复杂，需要输入大量的植被冠层、观测视角等物理参数。

五、问题与展望

遥感数据已经广泛应用于农作物分类与叶面积指数反演中。随着新式传感器的相继升空，可供选择的遥感数据越来越多，这为多源遥感数据农作物的分类带来了前所未有的机遇。然而，基于多源遥感数据的农作物分类与叶面积指数反演仍存在一些问题有待进一步研究。

在农作物精细分类方面，现有研究多使用中分辨率遥感影像，主要针对大宗农作物提取。高分辨率遥感影像日益增多，然而采用高分辨率遥感影像对小尺度、多类别的小宗农作物分类研究并不多见。特别是在中国农业区耕地经营分散、农业景观破碎、农作物种植结构复杂的这种背景下（张鹏 等，2019），对高分辨率遥感影像进行农作物精细分类的研究较少。因此，亟须开展高分辨率遥感影像的农作物精细分类的研究。

分类方法精度较低。小宗农作物种植地块较小，“同谱异物”的混合像元问题突出。传统以 MODIS、TM/ETM、HJ 等影像为数据源，采用植被指数时间序列分析并结合农作物物候信息的分类方法难以满足农作物精细分类需求。CNN 算法在算力、特征提取等方面有着传统分类方法无法比拟的优势，然而 CNN 模型众多，适合农作物精细分类的模型尚未明确，模型的关键参数更未进行优化。因此，找到适合农作物精细分类的模型，确定模型的关键参数极具研究价值。

用于农作物 SAR 分类特征类型、数量以及分类的关键时相尚未明确。多时相数据在涉及多种农作物类型的分类中表现优异，但现有的研究往往使用覆盖所有农作物生长期的多幅图像，分类精度与影像数量有很强的相关性，并且数据成本高、处理耗时。然而常见的特征选择方法都只能给每个特征或特征集打分，进行特征选择时仍需对参数设置阈值或指定特征数，不能直接确定最优特征子集的大小和内容。因此，选取用于分类的关键时相、关键物候特征仍是一个重要的研究方向。

受植被覆盖高等因素影响，现有农田土壤水分 SAR 反演的精度普遍不高。现有的土壤水分 SAR 反演研究多聚焦于裸地或草地等低植被覆盖区，在浓密植被覆盖地区，如小麦、玉米生长旺盛期的土壤水分反演研究较少。此外，许多研究获取的结果是土壤水分变化值而非绝对值，并且通常结合 SAR 数据和光学影像，二者协同进行土壤含水量的遥感反演。仅使用 SAR 数据，反演高植被覆盖的农田土壤水分绝对值的研究精度有待提高。

在叶面积指数遥感估算研究方面，经验模型法和物理模型法是主流的农作物叶面积指数反演方法。但经验模型法对于捕获数据间复杂的非线性关系的能力弱，模型稳定性差；物理模型法输入参数多且真值难获取，无法进行大规模推广和应用。因此，需要开发新的反演方法提升叶面积指数的估算精度。

第二节　研究思路与研究内容

一、研究思路

针对当前研究现状存在的问题和不足，结合自身的研究目标，制定研究思路如下。

（一）基于多源遥感数据的农作物分类研究

确定研究区域及研究的农作物类型，采集研究区域的多源遥感数据，对地物各个时相的特征（强度特征、极化分解特征、纹理特征等）进行提取，使用多种度量方式进行特征重要性排序，比较不同优选特征集的分类效果与不同红边波段下的农作物分类精度，优选适合农作物分类的最佳时相、波段组合以及特征。使用不同算法与模型进行农作物分类研究，分析模型参数对农作物分类精度的影响，评价各算法与模型的农作物分类精度，优选农作物精细分类方法，旨在改善农作物分类的精度和效率。

（二）农作物叶面积指数反演研究

针对随机森林、支持向量机等反演算法处理非线性关系能力弱的问题，研究采用了一种新的反演模型——SqueezeNet，对农作物进行LAI反演，探究深度学习模型在反演领域的应用效果。首先基于Sentinel-2卫星多光谱影像数据，在相关研究区域开展地面试验，获取农作物各生长期地面实测LAI；随后运用深度学习模型SqueezeNet反演不同生长期农作物LAI，并与随机森林和支持向量机算法对比，得到最优反演模型；最后对最优模型分析评价得到研究结果，为研究区域的农作物长势监测提供数据支持。

二、研究内容

本研究利用多源遥感数据进行农作物分类与叶面积指数反演研究，分析不同优选特征集、红边波段与分类算法对农作物分类精度和叶面积指数反演效果的影响，提出适合农作物分类和叶面积指数反演的特征、时相、波段组合、算法与模型，为改善农作物分类和叶面积指数反演的精度与效率提供参考依据。

第一章为绪论，主要介绍本书的研究背景与意义，介绍卫星遥感农作物分类及特征优选、农作物SAR分类以及农作物叶面积指数遥感反演研究现状，对本书的研究思路与内容进行说明。

第二章为种植结构复杂区农作物精细分类研究，介绍本研究所选取的研究区概况、田间试验的开展、实测数据获取方法以及卫星多光谱数据的获取与预处理步骤，进行基于深度学习模型的农作物精细分类研究，分析不同模型参数对农作物分类精度的影响，优选适合种植结构复杂区的农作物分类方法。

第三章为多时相 Sentinel-2 卫星遥感影像的水稻分类研究，利用 Sentinel-2 遥感影像进行农作物提取研究，进行不同时相与波段下研究区典型地物光谱特征分析、有无红边波段条件下典型地物可分离性分析及不同红边波段下农作物提取精度分析。

第四章为面向极化 SAR 旱地作物分类的特征选择研究，介绍研究提取的 3 类特征以及特征选择的原理和方法，分析典型地物不同后向散射特征随时相的变化规律，比较不同度量方式下的特征重要性排序结果，分析 4 种优选特征集的组成。

第五章为极化 SAR 旱地作物分类研究，介绍研究使用的分类算法，定量评价随机森林对不同优选特征集的分类效果，进行不同特征和算法下的旱地作物极化 SAR 分类精度比较。

第六章为冬小麦叶面积指数反演研究，介绍 SqueezeNet 深度学习模型和 RF、SVR 机器学习方法，选取不同生长期与 LAI 显著相关的影响因子，训练多种反演模型预测冬小麦 LAI，根据决定系数 R^2 和均方根误差的度量来选择最优模型。

第七章为总结与展望，总结全书各章节的研究结果，得到结论并提出展望。

三、技术路线

本研究技术路线如图 1.1 所示。

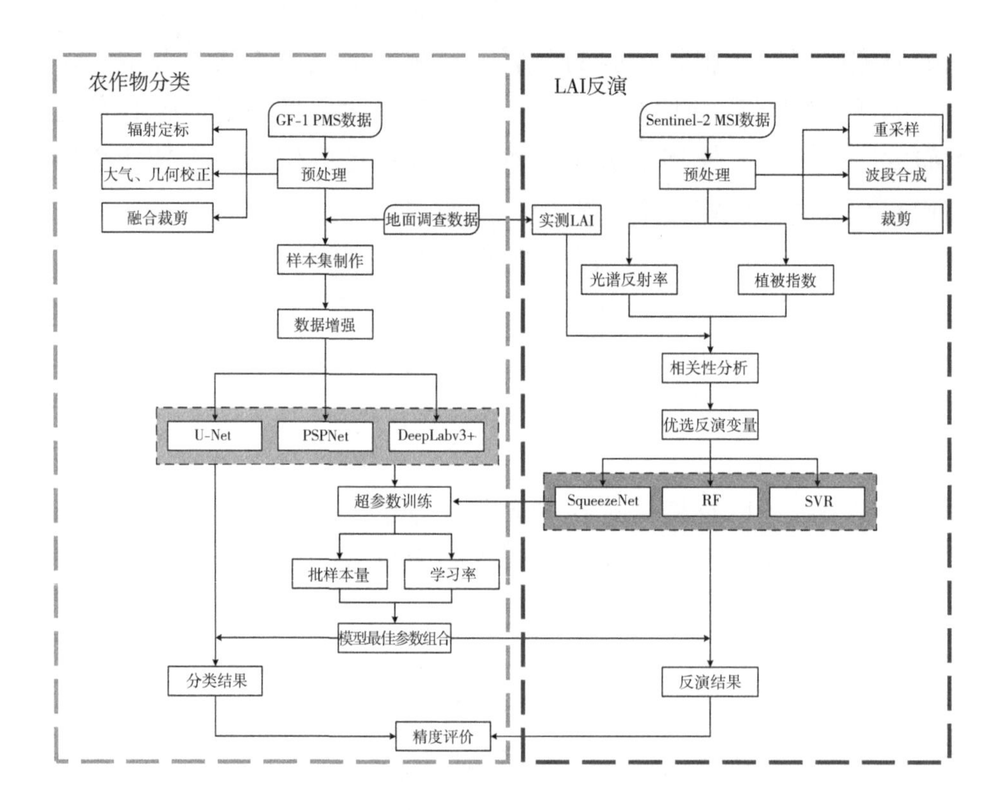

图 1.1　技术路线

第三节　本 章 小 结

本章介绍了全书研究的背景与意义，并介绍了卫星遥感农作物分类、农作物 SAR 分类及分类特征优选、农作物叶面积指数遥感反演在国内外的发展现状，阐述了本书主要的研究思路和研究内容。

第二章　种植结构复杂区农作物精细分类研究

第一节　研究区与数据

一、研究区概况

研究区位于河北省廊坊市广阳区，地理坐标范围 39°28′～39°32′ N、116°38′～116°44′ E，西部、北部与北京市大兴区接壤，总面积为 144 km^2（图 2.1）。

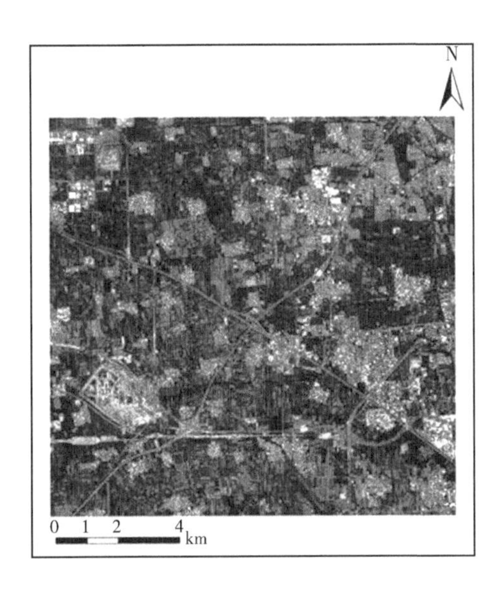

图 2.1　研究区地理位置

该区地处永定河冲积平原，地势平坦，海拔 10~13.8 m，属暖温带大陆性季风气候，年平均气温 11.8 ℃，无霜期 189 d，年均日照 2 659.9h，降水集中在夏季，年均降水量 593.4 mm。作为京津冀城市的农副业基地，该区担负着城市菜篮子的重要功能，农业用地比重较高，农作物种植种类和种植结构复杂，农业地块破碎化程度很高。研究区的分类体系为建筑、裸地、林地、春玉米、夏玉米、花生、红薯、蔬菜、大棚和道路共 10 个类别。主要农作物春玉米、夏玉米、红薯和花生的物候期如表 2.1 所示。

表 2.1　广阳区农作物物候期概况

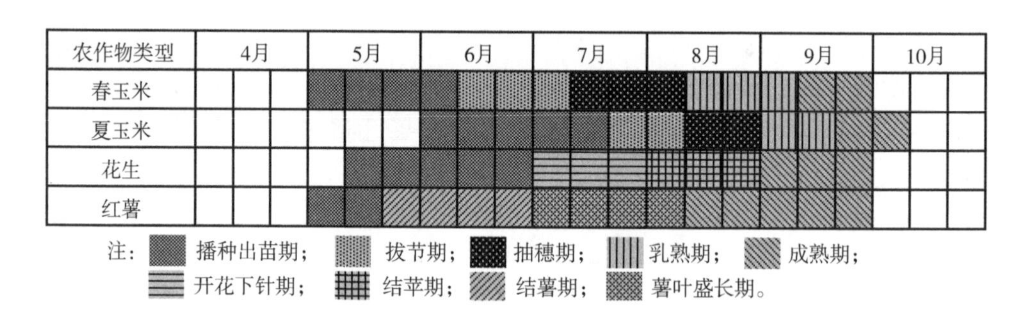

二、研究数据

（一）GF-1 PMS 影像数据

GF-1 卫星于 2013 年发射，搭载 1 台全色相机（空间分辨率为 2 m）和 1 台多光谱相机（空间分辨率为 8 m，含蓝色、绿色、红色、近红外 4 个波段），成像宽幅 60 km×60 km，重访周期为 4 d，具体参数见表 2.2。根据研究区主要农作物物候期及影像含云量，选取 2020 年 7 月 20 日的 1 景 GF-1 全色多光谱（Panchromatic and Multispectral, PMS）影像对研究区农作物分类，数据来源于中国资源卫星应用中心

（http：//www.cresda.com/CN/）。利用遥感图像处理软件 ENVI 5.3 对 GF-1 PMS 影像进行预处理，过程包括辐射定标、大气校正、几何校正、图像融合和裁剪。通过辐射校正将原始影像各像素灰度值转换为辐射亮度值，采用 FLAASH 模型进行大气校正将辐射亮度值转换成反射率。以 Landsat 8/OLI（https：//earthexplorer.usgs.gov/）影像及地面采样点为参考，采用二次多项式法进行几何校正，误差控制在 0.5 个像元内。最后采用 NNDiffuse Pan Sharpening 法对校正好的全色和多光谱影像进行融合，得到空间分辨率为 2 m 的多光谱影像。

表 2.2　GF-1 卫星主要技术参数

传感器	PMS		WFV
光谱范围	全色	450～900 nm	—
	多光谱	450～520 nm	450～520 nm
		520～590 nm	520～590 nm
		630～690 nm	630～690 nm
		770～890 nm	770～890 nm
空间分辨率	全色	2 m	16 m
	多光谱	8 m	
幅宽	60 km	800 km	
重访周期（侧摆时）	4 d	—	
重访周期（不侧摆时）	41 d	4 d	

（二）农作物分类样本数据

为获取分类所需样本数据及了解研究区农作物分布特征，于 2020 年 9 月 13—19 日进行野外实地调查。参考 Google Earth 和 GF-1 多光谱影像，采用全球定位系统（Global Positioning System，GPS）进行地面样点地理位置采集。最终获取 10 类地物样点总数 1 063 个，各地物样点数及空间分布见表 2.3 和图 2.2。

表 2.3　各地物类别及对应样点数量

地物	建筑	裸地	林地	春玉米	夏玉米	红薯	花生	蔬菜	大棚	道路	总计
样点数量	51	87	360	197	51	64	83	47	96	27	1 063

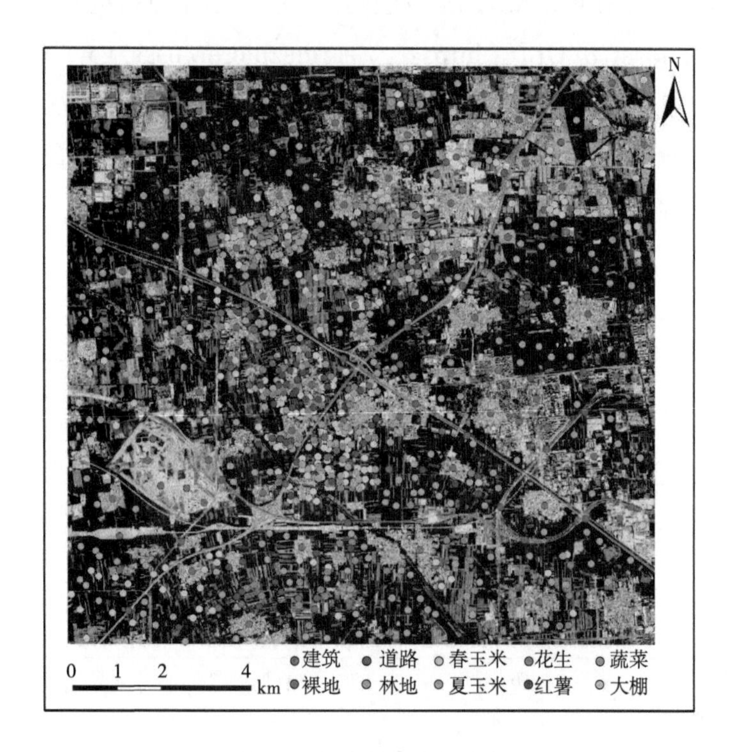

图 2.2　调查样点空间分布

以样点地面调查数据为基准，借助 Lableme 样本标注工具在 GF-1 多光谱影像中找到 10 类地物对应地块进行标注获得样本标签。由于深度学习方法需要大量标注样本，因此，本研究采用仿射变换、旋转等数据增强方法对样本数据扩充（图 2.3，图 2.4），最终获得 7 040张图像大小为 256 像素×256 像素的数据集。按照 2：1 的比例将该数据集随机划分为训练集和验证集，即 4 693张图像用于训练，2 347张图像用于验证。

a. 原始影像

b. 仿射变换

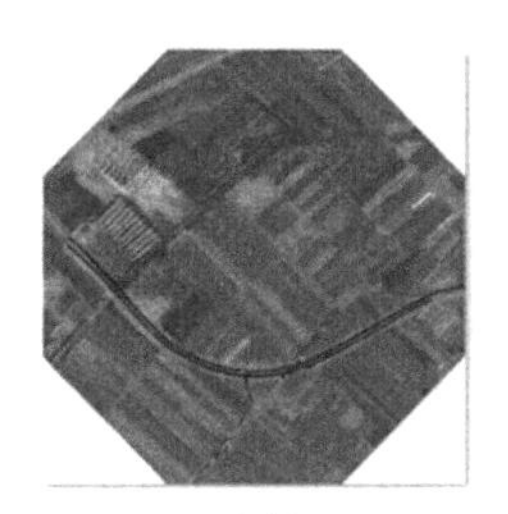

c. 旋转45°

d. 旋转90°

图 2.3　数据增强方式

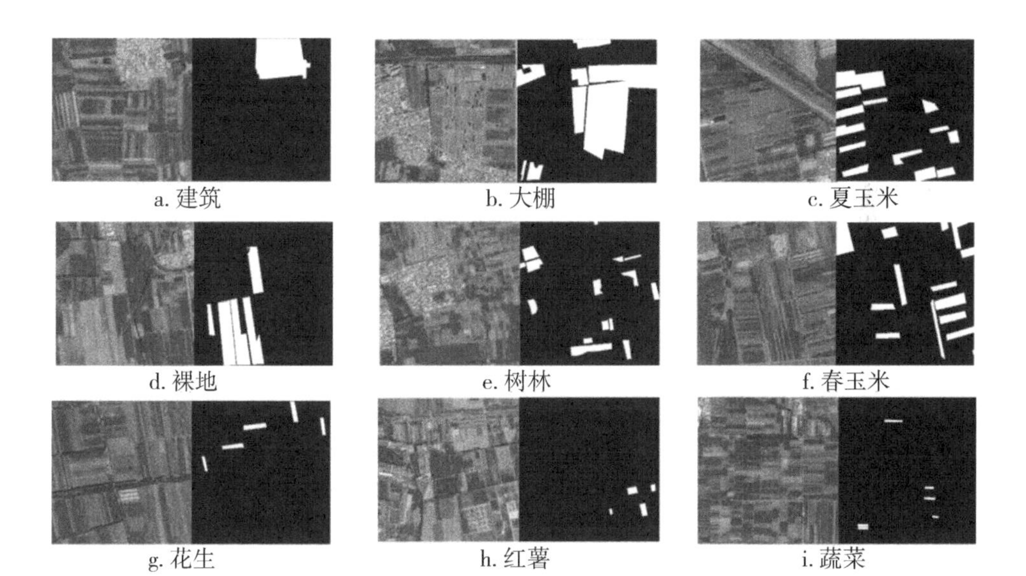

a. 建筑　b. 大棚　c. 夏玉米

d. 裸地　e. 树林　f. 春玉米

g. 花生　h. 红薯　i. 蔬菜

图 2.4　典型地物样本及对应标签

第二节 研究方法

一、农作物分类方法

近年来，全卷积神经网络（Fully Convolutional Work，FCN）在图像语义分割领域取得了长足进展。由于计算机视觉中的语义分割与遥感图像分类具有相似性，研究人员开始引入FCN来学习遥感影像的局部和全局特征。FCN是CNN的一种变体，它与以“图像标签”（image-label）方式工作的经典CNN不同，是一种“逐像素标签”（per-pixel-label）模型。它不但可以利用卷积层提取特征，还能利用反卷积层对特征图上采样并使其恢复至输入图像的大小。FCN提出后，研究人员设计了一系列FCN模型进行逐像素分类，如SegNet、U-Net、PSPNet、DeepLab等。其中U-Net、PSPNet及DeepLab系列等网络通过多路径结构将低层精细特征与高层粗糙特征融合进行分类，可有效提高分类精度、改善边缘细化效果。因此，本研究将3种深度学习模型应用于农作物分类研究中，以期提高农作物分类精度。

（一）U-Net模型

U-Net模型由Olaf Ronneberger等在2015年在国际医学图像计算和计算机辅助干预会议（Medical Image Computing and Computer-Assisted Intervention，MICCAI）中提出，其结构如图2.5所示。模型左侧为一个收缩网络（下采样），右侧为一个扩张网络（上采样），收缩网络与扩张网络对称，构成U型结构，因此，命名为U-Net。U-Net网络可输入任意尺寸的图像，具有较少的训练参数，在小数据集上表现出色。本研究先将GF-1遥感影像输入U-Net模型，然后网络开始下采样操作，即通过2个3×3卷积和1个2×2最大池化处理，重复4次以获得

512 个通道的特征图；然后网络开始上采样操作，即通过 2 个 3×3 卷积和 2×2 反卷积处理，重复这个过程，直到恢复至原始影像尺寸。每次上采样后会将之前下采样的同维度的特征图进行融合，最后经过 Softmax 函数获得分类结果图。

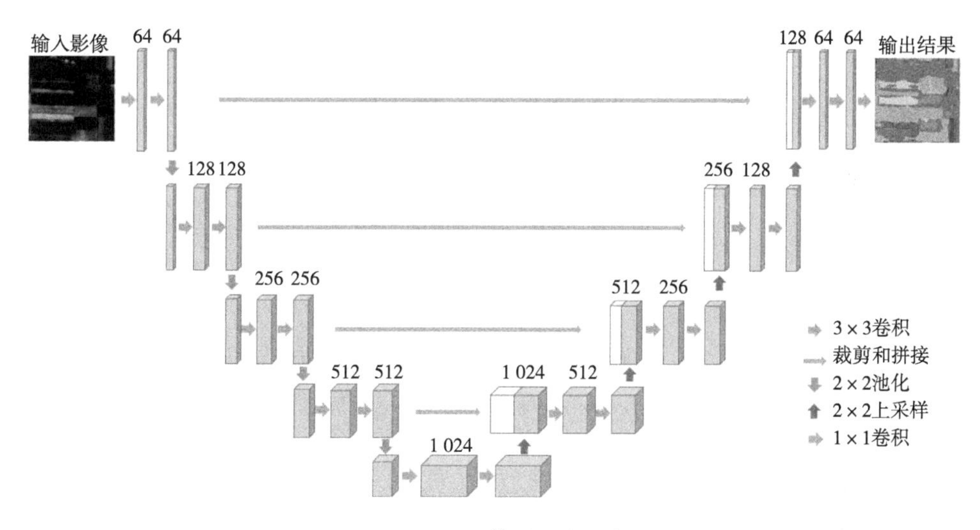

图 2.5　U-Net 模型结构示意图

（二）PSPNet 模型

由赵恒爽等提出的金字塔场景解析网络（Pyramid Scene Parsing Network，PSPNet）模型在 2016 ImageNet 场景解析挑战赛中取得第 1 名成绩，是当前引用较为广泛的语义分割网络，其结构如图 2.6 所示。该网络特点为引入了金字塔池化模块（Pyramid Pooling Module，PPM），通过不同区域上下文的聚合，实现了提高获取全局上下文信息的能力。本研究先将 GF-1 影像输入 ResNet 模型提取特征图，随后 PPM 模块将特征层划分为 1×1、2×2、3×3、6×6 区域并各自进行平均池化操作以提取多尺度特征；最后，原始特征图与多尺度特征图进行融合后再进行卷积输出分类结果图。

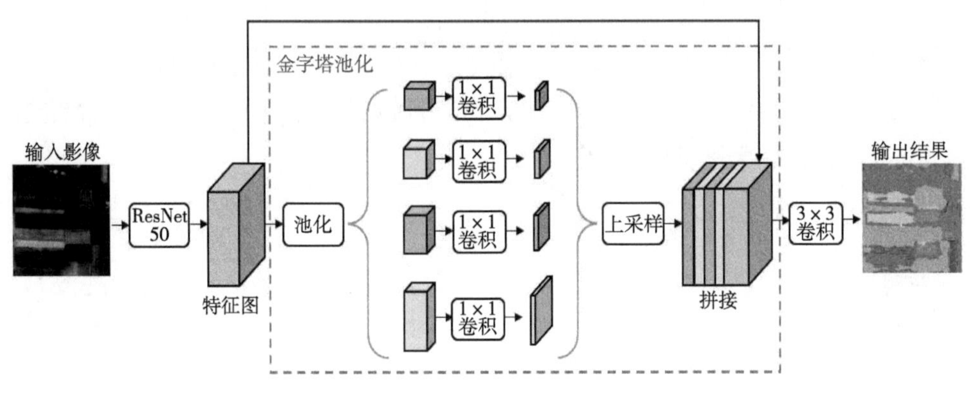

图 2.6　PSPNet 模型结构示意图

（三）DeepLabv3+模型

Deeplabv3+模型由谷歌公司开发，目前是 Deeplab 系列最新模型，在 PASCAL VOC2012、CitySpace 等公共数据集都取得了理想的结果，其结构如图 2.7 所示。该模型设计了多个不同空洞率的空洞空间卷积池化金字塔（Atrous Spatial Pyramid Pooling，ASPP）模块，可在不增加参数量的情况下融合多尺度特征，提升小目标分割的准确率。在解码部分，本研究以 Xception 网络作为骨架网络初步提取影像低层特征，然后 ASPP 模块将特征图 ASPP 结构对特征图分别进行 1×1 卷积、扩张率为 6、12、18 的 3×3 卷积以及全局平均池化后再融合。融合后的特征图输入到 1 个 256 通道的 1×1 卷积层中得到高层特征图并输入至解码器。解码部分，先利用 48 通道 1×1 卷积对 Xception 得到的低层特征图降维，再将其与经 4 倍双线性内插上采样的高层特征图融合，最后进行 3×3 卷积操作后经 4 倍的双线性内插恢复至原图大小，获得分割预测图。

（四）模型训练

用于模型训练工作站参数：Intel I9-10900k 处理器，内存 32 G，固态存储 512 G，NVIDIA GeForce RTX 3090 显卡。深度学习模型基于

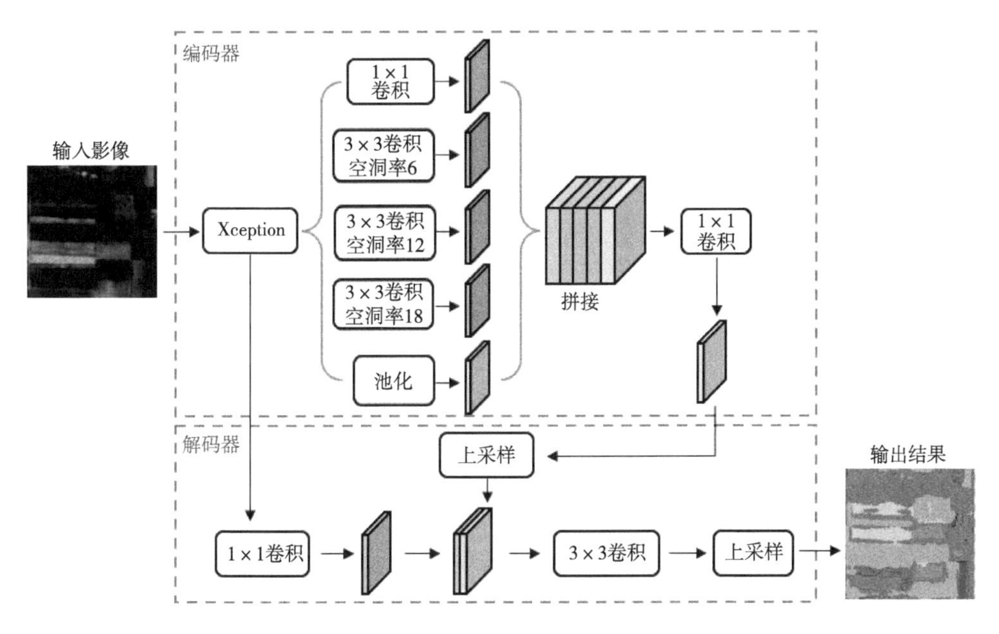

图 2.7　DeepLabv3+模型结构示意图

Pytorch 构建，Adam 优化器训练迭代 200 次。为使 3 种模型在训练前达到最优状态，研究选择学习率（Learning Rate，lr）和批样本量（Batch Size）2 个超参数进行调整。学习率直接控制训练中网络梯度更新的量级，数值越大，参数更新速度越快，但受异常数据的影响也越大；数值越小，效率越低，网络收敛速度越慢。因此，本研究设置了 3 种水平（0.01、0.001 和 0.000 1）以探究学习率对深度学习模型训练的影响。批样本量为每次训练的样本数量，决定了梯度下降的方向。通常情况下，批样本量过小会使得样本构成不稳定，导致网络难以收敛。大的批样本量虽然会使梯度方向稳定，但容易陷入局部最优解，降低分类精度。本研究设置了 3 种水平（100、64、32）以探究批样本量对深度学习模型训练的影响。

二、分类精度检验

使用验证集 2 347 张图像对 3 种模型分类结果进行验证，并利用混淆矩阵计算制图精度（Product Accuracy，PA）、用户精度（User Accuracy，UA）、总体精度（Overall Accuracy，OA）、Kappa 系数评价指标分析影像分类结果，各指标计算如下所示。

$$UA = X_{ii}/X_{ij} \tag{2.1}$$

$$PA = X_{ii}/X_{ji} \tag{2.2}$$

$$OA = \sum_{i}^{r} X_{ii}/N \tag{2.3}$$

$$Kappa = \frac{N \times \sum_{i}^{r} X_{ii} - \sum_{i}^{r} (X_{ij} \times X_{ji})}{N^2 - \sum_{i}^{r} (X_{ij} \times X_{ji})} \tag{2.4}$$

式中，N 为总样本数量；X_{ii} 为 i 类别正确分类数；X_{ji} 为被分为第 i 类的样本数量；X_{ij} 为属于第 i 类的真实样本数量。

第三节　深度学习模型参数对农作物分类精度的影响

为分析模型学习率对农作物分类精度的影响，图 2.8 绘出了在 3 种水平下（0.01、0.001 和 0.000 1）U-Net、PSPNet 及 DeepLabv3+模型分类精度的变化情况。从图 2.8 中可以看出，在 U-Net 模型中，3 条曲线在 80 次迭代后达到稳定状态且最终分类精度都高于 0.8。其中，0.01 和 0.001 曲线上升速度较快，经过 200 次迭代后，0.001 曲线达到最高精度。PSPNet 模型中，3 条曲线在 130 次迭代后趋于稳定，分类精度在 0.75 以上。0.01 曲线上升速度最快且精度最高，0.001 次之,0.000 1最差。Deeplabv3+模型的 3 条曲线在 70 次迭代后趋于稳定，最终分类精度都在 0.8 以上。0.01 和 0.001 曲线上升速度较快，精度差较小，200 次迭代结束后，0.01 曲线达到最高精度。综合考虑分类精度和收敛速度，最终 U-Net 模型学习率设为 0.001，PSPNet 模型和 DeepLabv3+模型学习率设为 0.01。

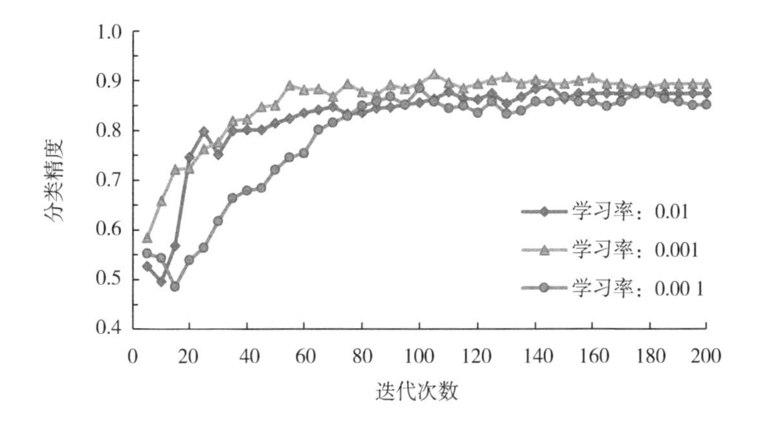

a. U-Net

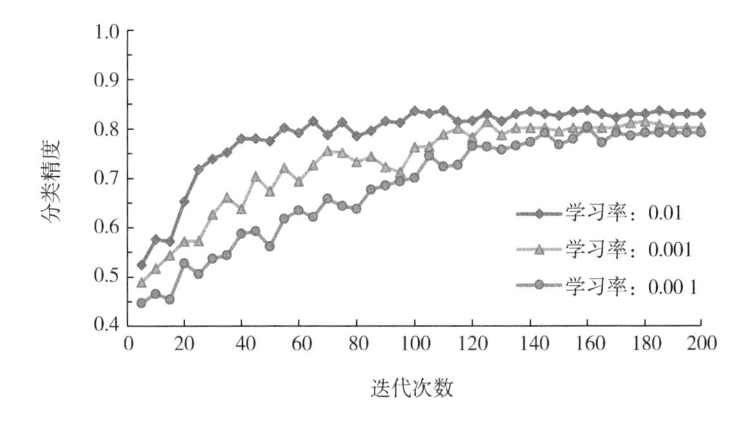

b. PSPNet

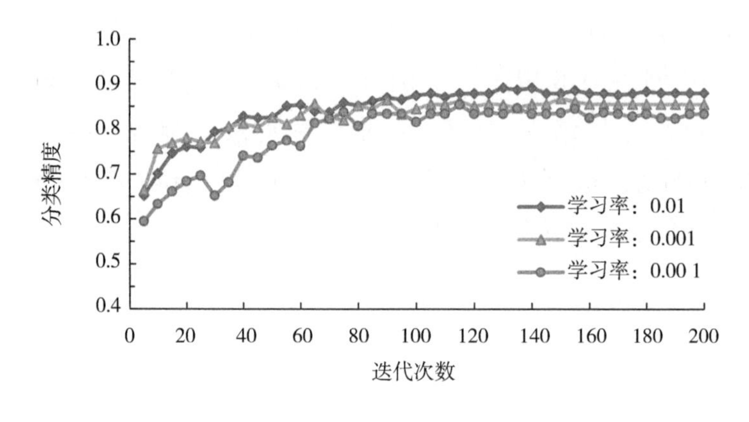

c. DeepLabv3+

图 2.8　农作物分类精度随不同深度学习模型学习率的变化

在批样本数量上，3 种水平下（100、64、32）U-Net、PSPNet 及 DeepLabv3+模型分类精度的变化情况如图 2.9 所示。U-Net 模型 3 条曲线增长速度相似，最终分类精度都超过了 0.8。200 次迭代后，100 曲线和 64 曲线精度较高基本相等。其中，100 曲线较稳定，波动性较小。PSPNet 模型 3 条曲线最终分类精度在 0.75 以上。其中 100 曲线分类精度最高，波动最小。Deeplabv3+模型 3 条曲线最终分类精度都在 0.8 以上且十分接近。3 条曲线上升速度大致相同，其中 100 曲线波动最小、最稳定。因此，本研究 3 种深度学习模型的批样本量都设置为 100。

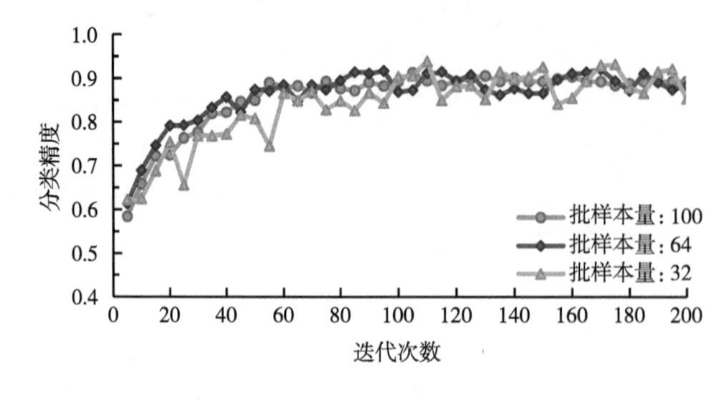

a. U-Net

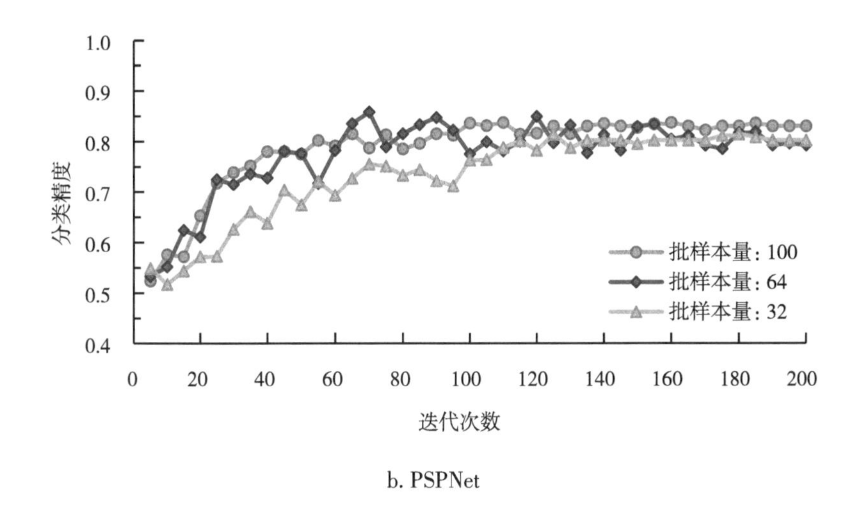

b. PSPNet

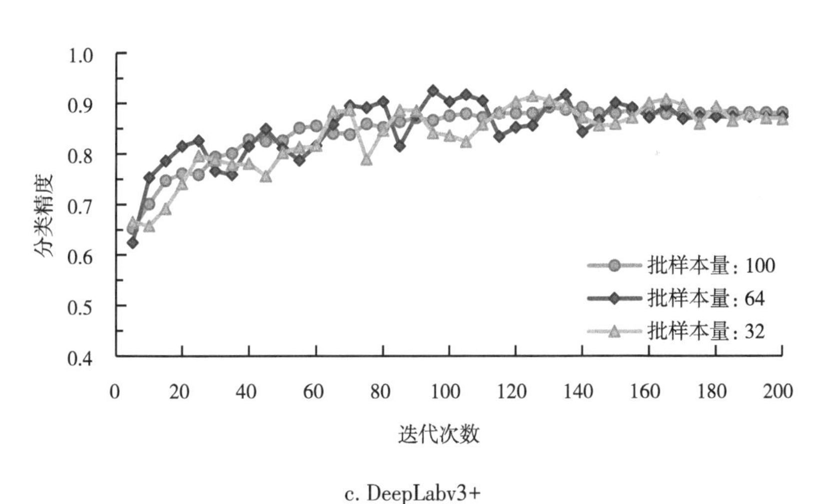

c. DeepLabv3+

图 2.9　农作物分类精度随不同深度学习模型批样本量的变化

第四节　不同深度学习模型的农作物分类精度比较

为了比较不同深度学习模型的农作物分类精度，表 2.4 列出学习率和批样本量优化后的 3 种深度学习模型进行农作物分类的精度结果。

从表 2.4 中可以看出，U-Net 模型分类效果最好，其总体分类精度为 89.32 %，比 PSPNet、DeepLabv3+模型分别提高了 6.3 %和 1.31 %；Kappa 系数为0.873 3，比 PSPNet 和 DeepLabv3+分别提高了 7.43 %和 1.57 %。从各地物分类结果来看，U-Net 模型分类结果中，建筑、裸地、春玉米、夏玉米、大棚和林地的制图精度和用户精度均在 80 %以上，花生、红薯、春玉米、夏玉米、蔬菜、林地的制图精度和用户精度均高于其他模型的结果，说明利用 U-Net 模型在 GF-1 遥感影像上较高精度地提取农作物分布信息具有一定可靠性。DeepLabv3+模型相比于 PSPNet 具有较好的表现，从各地物情况来看，DeepLabv3+对建筑、裸地及道路有较好的提取效果。

表 2.4 3 种深度学习模型的农作物分类精度结果

类别	U-Net		PSPNet		DeepLabv3+	
	PA/%	UA/%	PA/%	UA/%	PA/%	UA/%
建筑	97	93	93	90	97	94
裸地	97	91	99	85	99	93
花生	75	78	63	61	67	64
红薯	72	79	54	66	60	67
春玉米	89	87	85	78	88	85
夏玉米	80	86	62	72	65	77
大棚	84	85	76	81	86	93
蔬菜	60	70	41	58	60	61
林地	94	94	91	93	92	93
道路	80	90	78	87	90	92
OA/%	89.32		83.02		88.01	
Kappa 系数	0.873 3		0.799 0		0.857 6	

为了更好地说明农作物的分类效果，选择农作物分布较集中的局部区域给出各模型分类效果（图 2.10）。从图中可以看出，3 种模型对

春玉米的识别都较好，地块较为规整。U-Net 识别花生和红薯的视觉效果相比 PSPNet、DeepLabv3+结果图较好。Deeplabv3+、PSPNet 结果中将一些夏玉米、花生、红薯错分为蔬菜、林地，因而林地和蔬菜地块的占比较大。但 U-Net 模型分类结果存在较多斑点，PSPNet 和 DeepLabv3+则较少。

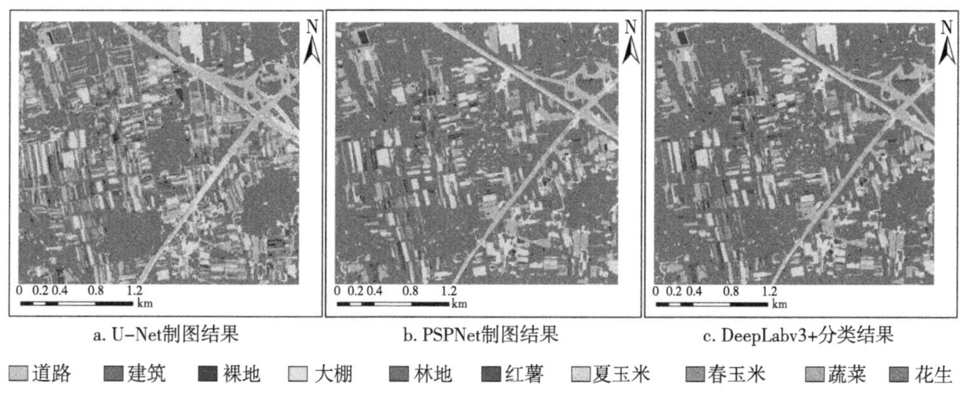

图 2.10　3 种深度学习模型的研究区农作物分布

图 2. 11 绘出了春玉米、夏玉米、红薯、花生及蔬菜 5 类农作物的细部分类效果，1、2 号区域中主要农作物类型为春玉米、夏玉米和蔬菜，U-Net 模型分类结果中 3 类农作物能较好地提取出来；DeepLabv3+模型分类结果中蔬菜分类效果较好，部分春玉米被错分为夏玉米，较大部分夏玉米被错分为林地；PSPNet 分类结果 3 种农作物错分像素较多。3 号区域的主要农作物为花生和红薯，3 种模型分类结果花生与红薯混分现象严重，相比 DeepLabv3+和 PSPNet 模型，U-Net 模型识别红薯的能力较强。4 号区域的农作物有春玉米、夏玉米、红薯、花生和蔬菜，U-Net 模型和 DeepLabv3+模型整体分类效果较好，而 PSPNet 模型将农作物错分为林地的像素较多。观察 4、5 区域发现 U-Net 模型对蔬菜的提取效果优于其他模型，但图中像素斑点较多。原因为相比于 PSPNet、DeepLabv3+，U-Net 模型缺少多尺度特征提取模块，获取上

下文信息的能力弱。

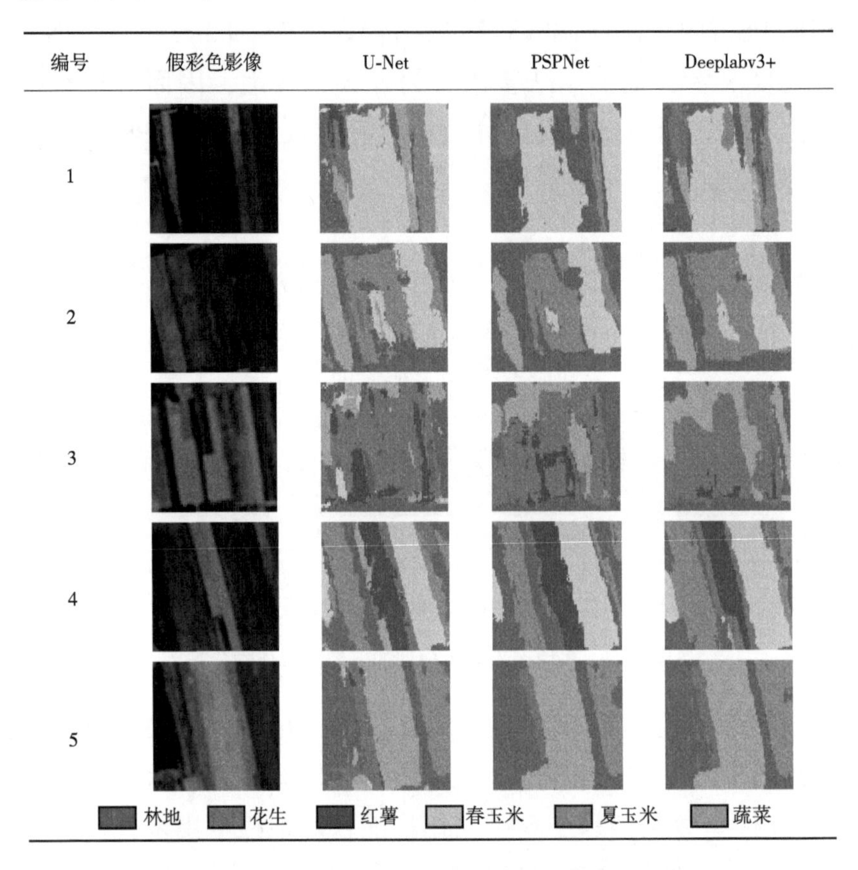

图 2.11 3 种深度学习模型下的农作物制图结果（局部）

第五节 本章小结

为提高种植结构复杂区农作物的分类精度，本章选取河北省廊坊市广阳区为研究区，以春玉米、夏玉米、花生、红薯和蔬菜 5 类农作物为重点研究对象，联合 GF-1 高分辨率遥感影像与 3 种深度学习模型（U-Net、PSPNet、DeepLabv3+）进行分类研究，分析了学习率和批样本量 2 个超参数的设置对农作物分类精度的影响，优选了适合种植结构复杂区的农作物精细分类方法，结果如下。

学习率与 3 种深度学习模型的分类精度呈正相关关系，较大的学习率（0.01，0.001）下，3 种模型收敛速度快，分类精度高，较小学习率（0.000 1）下，3 种模型收敛速度慢，分类精度低。批样本量与模型分类稳定性密切相关，与 32、64 批样本量相比，100 批样本量下，3 种模型的分类稳定性最好。

在 3 种深度学习模型架构中，U-Net 模型分类效果最好，总体分类精度为 89.32 %，相比 PSPNet、DeepLabv3+模型的总体精度分别提高了 6.30 %和 1.31 %；Kappa 系数为 0.873 3，分别提高了 7.43 %和 1.57 %。U-Net 模型在保证春玉米、夏玉米大宗农作物高精度分类的同时，对花生、红薯、蔬菜小宗农作物也能较好地提取，更适合种植结构复杂区农作物精细分类。

第三章　多时相 Sentinel-2 卫星遥感影像的水稻识别研究

第一节　研究区与数据

一、研究区概况

本研究选取中国南方典型地区德清县作为研究区。德清县位于浙江省北部，地理坐标范围 30°26′~30°42′ E、119°45′~120°21′ N（图

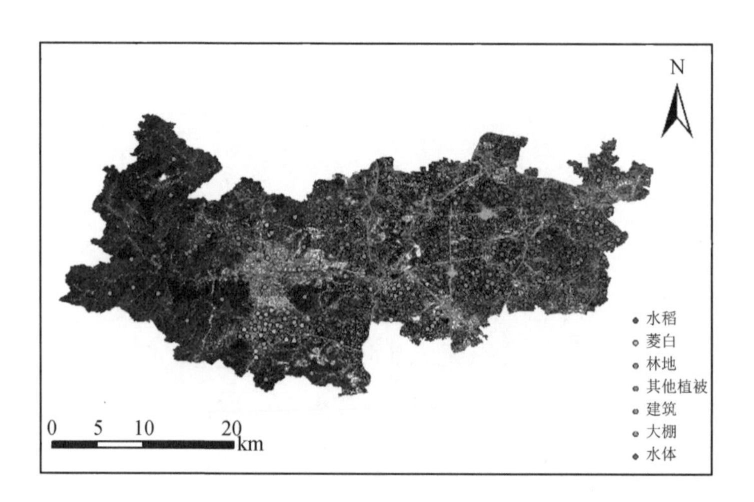

图 3.1　研究区地理位置

3.1)，全县陆地面积为937.95 km^2，东西跨度 55.95 km，南北跨度 29.92 km。德清县气候属亚热带湿润季风区，温暖湿润，四季分明，年平均气温为 13～16 ℃。无霜期 220～236 d，多年平均降水量 1 379 mm。德清县地处杭嘉湖平原，属低山丘陵区，地势自西向东倾斜，西部为天目山余脉，东部为平原水乡，中部为丘陵。建筑、水体、林地、茭白、水稻、其他植被、大棚为德清县主要地物。

研究区水稻物候自移栽后，依次经历返青期、分蘖期、拔节期、抽穗期、成熟期 5 个生长阶段，水稻各个物候期对应的具体日期如表 3.1 所示。

表 3.1　研究区水稻物候期

返青期	分蘖期	拔节期	抽穗期	成熟期
5 月中旬至 6 月上旬	6 月上旬至 8 月上旬	8 月中旬至 9 月上旬	9 月中旬至 10 月下旬	10 月下旬至 11 月中旬

二、研究数据

（一）遥感数据与预处理

数据源选择 Sentinel-2 卫星遥感影像，该卫星携带 1 枚多光谱成像仪（MSI），飞行高度为 786 km，可覆盖 13 个光谱波段（包括 3 个红边波段），幅宽达 290 km。从可见光、近红外到短波红外，具有不同的空间分辨率，空间分辨率分别为 10 m、20 m 和 60 m，1 颗卫星的重访周期为 10 d，2 颗卫星互补，重访周期为 5 d。Sentinel-2 卫星各波段详细信息如表 3.2 所示，本文使用的波段号为 2、3、4、5、6、7、8。每个生育阶段均选取遥感影像，一共选取 5 个时相，10 景 Sentinel-2 影像，时间分别是 2019 年 5 月 24 日、2019 年 8 月 2 日、2019 年 8 月 17 日、2019 年 10 月 31 日、2019 年 11 月 15 日。数据选取条件为云量小于 10 %，遥感影像覆盖整个德清县。

表 3.2 波段详细信息

波段序号	波段名称	中心波长/μm	空间分辨率/m
1	海岸/气溶胶波段	0.443	60
2	蓝波段	0.490	10
3	绿波段	0.560	10
4	红波段	0.665	10
5	红边波段 1	0.705	20
6	红边波段 2	0.740	20
7	红边波段 3	0.783	20
8	近红外波段（宽）	0.842	10
8A	近红外波段（窄）	0.865	20
9	水蒸气波段	0.945	60
10	短波红外波段	1.375	60
11	短波红外波段	1.610	20
12	短波红外波段	2.190	20

Sentinel-2 多光谱影像预处理步骤包括辐射定标、大气校正、图像拼接与裁剪、图像融合处理。采用 ENVI5.3 软件对 Sentinel-2 影像进行辐射定标，将遥感影像记录的原始 DN 值转换为辐射亮度值。大气校正是通过 FLASSH 大气校正模块将辐射定标后影像辐亮度转换为地表反射率，目的是消除大气和光照等因素对地物反射的影响。为了提高红边波段的空间分辨率，将 20 m 的红边波段与 10 m 的近红外波段进行融合，采用的是 ENVI 5.3 模块 Gram-Schmidt 算法。对融合后的 Sentinel-2 影像进行拼接处理覆盖整个研究区，然后利用德清县矢量边界进行裁剪，得到研究区影像数据。

（二）地面调查数据

在德清县境内开展地面调查试验，为水稻提取和精度验证提供参考依据，选取的样点在研究区内尽量均匀分布。在德清县境内开展为期 3 d 的野外调查，调查德清县主要土地利用类型，并结合高分辨率的 Google 影像对研究区内的建筑、水稻、水体等地物进行 GPS 定位。地面采集地物类型样本数如表 3. 3 所示，其中 2/3 作为训练样本，1/3 作为验证样本，同时利用相机对野外环境进行拍照记录，此次共采集野外样点分布如图 3. 1 所示。

表 3. 3　地面调查土地覆盖类型样本数及像元数量

类别	训练集		验证集	
	样本数	像素数	样本数	像素数
水稻	62	3 103	25	1 659
茭白	21	1 003	11	489
林地	30	10 932	15	6 129
其他植被	40	3 224	25	2 504
建筑	30	6 013	15	3 074
水体	30	4 609	16	2 003
大棚	18	562	10	249
总计	231	29 464	121	16 107

第二节　研究思路与方法

一、研 究 思 路

为评价红边波段对水稻识别能力影响，本研究利用 Sentinel-2 遥感影像进行水稻提取研究。首先分析各个时相上地物的光谱特征，然后采用随机森林监督分类方法，获取有无红边波段、不同红边波段组合条件下分类精度，并计算 J-M 距离作为评价水稻与其他地物间可分离性指标。比较红边波段条件下水稻识别能力的提升作用，借此分析引入红边波段对水稻提取精度的影响，以及 Sentinel-2 影像红边波段的重要性。

二、地物类别可分离性分析

地物可分性判定依据有 J-M 距离、欧式距离、光谱距离、离散度等（杨闫君 等，2015）。本文选择 J-M 距离来衡量不同农作物类型在波段间分离能力，通过 J-M 距离分析能够对红边波段数据对水稻识别能力有初步判断，计算如下（刘佳 等，2016；谭玉敏 等，2014）。

$$J_{ij} = 2(1 - e^{-B}) \tag{3.1}$$

$$B = \frac{1}{8}(\mu_i - \mu_j)^2\left(\frac{2}{\sigma_i^2 + \sigma_j^2}\right)(\mu_i - \mu_j) + \frac{1}{2}ln\left[\frac{\sigma_i^2 + \sigma_j^2}{2\sigma_i\sigma_j}\right] \tag{3.2}$$

式中，J_{ij} 为第 i 类别与第 j 类别之间的 J-M 距离；B 是某一特征维的巴氏距离；μ_i、μ_j 是第 i，j 类别在某个特征上的样本均值；σ_i^2、σ_j^2 是第 i，j 类别特征的方差。J_{ij} 值 0~2，值越大代表着 2 种类别的可分离性越好，$1.8< J_{ij} <2$ 代表样本可分离性高，$1.6< J_{ij} <1.8$ 代表样本可分离性一般，$0< J_{ij} <1.6$ 代表样本可分离性较差。

三、农作物分类算法

随机森林模型整合了多棵决策树，是一种较为实用的集成学习方法，随机森林模型有 2 个重要参数，分别是决策树棵数以及分裂结点个数。随机森林是利用多棵决策树对数据进行训练、分类和预测的方法（Pan et al.，2012）。随机森林算法通过利用多个分类器进行投票分类，可以有效减少单个分类器的误差，提升分类准确度（贺原惠子 等，2018）。随机森林算法具有较高的稳定性，并且能够进行大规模数据的高效处理。

随机森林是由多个决策树构成，其中每棵决策树之间是没有关联的。采用基尼指数对分类过程中每棵决策树的每一个节点进行纯度判断并进行最优属性划分，最终使得每个节点样本尽可能属于同一类别，随着划分过程的不断进行，结点的类别纯度越高（Radoux et al.，2016；Ghosh et al.，2014）。用随机森林进行特征重要性评估的思想其实是明确每个特征在随机森林中的每棵树上重要性得分，然后取平均值比较特征之间贡献大小（王娜 等，2017）。随机森林决策树数量设置为 100，节点分裂输入的特征变量为输入特征数的平方根。

四、分类精度评价

不同时相有无红边波段、不同红边波段组合水稻分布提取结果的精度验证是采用野外调查验证集数据，采用建立误差矩阵（或称为混淆矩阵）的方法，选用总体分类精度、用户精度、制图精度以及 Kappa 系数对德清县水稻分类结果进行精度评价。

第三节　不同时相与波段下研究区典型地物光谱特征分析

为了分析研究区各个时相不同波段下水稻、林地、建筑、水体、其他植被、茭白、大棚 7 种典型地物的光谱差异，图 3.2 给出了 Sentinel-2 影像 5 个时相 7 个波段下典型地物的反射光谱变化。由图 3.2 可以看出，5 个时相在 2、3、4 波段除了建筑反射率略高于其他地物，水稻、茭白、林地、其他植被、大棚其他地物变化趋势则非常相似，光谱差异小，难以区分。在 5、6、7、8 波段上水体反射率低于其他地物，并且水稻、茭白、林地、其他植被、大棚反射率均呈现出上升的趋势。相较于 6、7、8 波段，5 波段上各地物反射率上升趋势开始明显，反射率变化较为相似，光谱差异小。在 6、7、8 波段上，图 3.2（a）水稻、茭白光谱特征存在差异；图 3.2（b）可区分大棚、水稻；图 3.2（c）大棚、水稻、茭白存在一定差异；图 3.2（d）林地、茭白光谱差异明显；图 3.2（e）在 6、7、8 波段上茭白、林地、大棚、水稻、其他植被均存在差异。总的来说 6、7、8 波段光谱差异大于 5 波段大于 2、3、4 波段，即与红、绿、蓝波段相比，红边波段 1、红边波段 2、近红外波段各地物反射率均有更为明显的变化，是区分地物类型的依据所在。

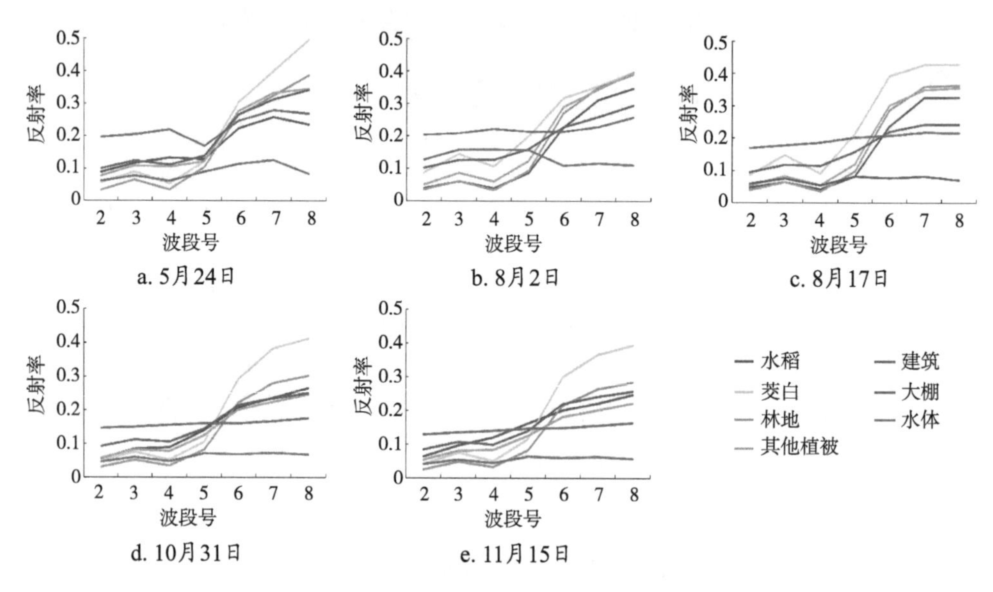

图 3.2　5 个时相不同波段下典型地物反射光谱变化

第四节　有无红边波段条件下典型地物可分离性分析

Sentinel-2 影像包括 3 个红边波段，本研究分别基于全部 7 个波段及不包括红边的 4 个波段计算 J-M 距离以及分类精度。为了分析红边波段对水稻可分离性及识别能力的影响，表 3.4 给出了有无红边波段条件下研究区典型地物的 J-M 距离及分类精度。由表 3.4 得到 5 个时相影像引入红边波段，水稻与其他地物可分离性距离均增加，表明引入红边波段可增加水稻可分离性。引入红边波段后，单时相影像水稻可分离距离仍有小于 1.8 的类别（5 个时相的其他植被-水稻、5 月 24

日的水稻-水体等），可分离能力较差，影响水稻提取精度。8 月 2 日林地-水稻、茭白-水稻 J-M 距离分别为 1.976 和 2.000，可分离能力最优，8 月 17 日其他植被-水稻、水稻-水体、建筑-水稻、大棚-水稻 J-M 距离均最大。8 月 17 日的影像单时相红边波段水稻与其他地物可分离能力最优。

有红边波段分类精度均优于无红边波段，5 月 24 日总体分类精度由 87.38 上升到 88.36 %，增加了 0.98 个百分点，水稻制图精度由 69.80 %上升到 74.17 %，上升了 4.37 个百分点；8 月 2 日总体分类精度由 81.83 %上升到 87.94 %，增加了 6.11 个百分点，水稻制图精度由 68.89 %上升到 80.11 %，上升了 11.22 个百分点；8 月 17 日总体分类精度由 81.44 %上升到 91.58 %，增加了 10.14 个百分点，水稻制图精度由 83.18 %上升到 92.89 %，上升了 9.71 个百分点；10 月 31 日总体分类精度由 87.73 %上升到 89.90 %，增加了 2.17 个百分点，水稻制图精度由 78.91 %上升到 81.00 %，上升了 2.09 个百分点；11 月 15 日总体分类精度由 88.26 %上升到 89.11 %，增加了 0.85 个百分点，水稻制图精度由 82.66 %下降到 81.61 %，降低了 1.05 个百分点。引入红边波段后，5 个时相总体分类精度呈现上升的趋势，水稻制图精度除了 11 月 15 日其他时相均增加。从总体分类精度来看，8 月 17 日最高为 91.58 %，8 月 2 日最低为 87.94 %；从水稻制图精度来看 8 月 17 日最高为 92.89 %，5 月 24 日最低为 74.14 %。最低的原因可能是水稻处于返青期，在遥感影像上水体与水稻光谱特征相似，水稻和水体出现严重错分的情况。

综上所述，8 月 17 日影像水稻与其他地物间可分离性最好，总体分类精度、水稻制图精度最高，即在水稻生长拔节期能较好地识别水稻。原因是此时水稻位于水体低反射率与其他植被高反射率之间，与水体与其他植被均能区分开。

表 3.4　有无红边波段条件下研究区典型地物的 J-M 距离和分类精度

时相	类型	无红边波段			有红边波段		
		J-M 距离	总体分类精度/%	制图精度/%	J-M 距离	总体分类精度/%	制图精度/%
5 月 24 日	其他植被-水稻	1.078	87.38	69.80	1.222	88.36	74.17
	水稻-水体	1.673			1.760		
	建筑-水稻	1.594			1.827		
	大棚-水稻	1.798			1.891		
	林地-水稻	1.959			1.976		
	茭白-水稻	1.999			2.000		
	平均值	1.684			1.779		
8 月 2 日	其他植被-水稻	1.143	81.83	68.89	1.606	87.94	80.11
	水稻-水体	1.809			1.926		
	建筑-水稻	1.968			1.987		
	大棚-水稻	1.783			1.891		
	林地-水稻	0.869			1.426		
	茭白-水稻	1.874			1.955		
	平均值	1.574			1.799		
8 月 17 日	其他植被-水稻	1.122	81.44	83.18	1.647	91.58	92.89
	水稻-水体	1.977			2.000		
	建筑-水稻	1.993			2.000		
	大棚-水稻	1.862			1.993		
	林地-水稻	1.368			1.846		
	茭白-水稻	1.893			1.981		
	平均值	1.703			1.911		
10 月 31 日	其他植被-水稻	0.882	87.73	78.91	1.179	89.90	81.00
	水稻-水体	1.998			1.999		
	建筑-水稻	1.971			1.986		
	大棚-水稻	1.665			1.772		
	林地-水稻	1.698			1.866		
	茭白-水稻	1.962			1.981		
	平均值	1.696			1.797		

续表

时相	类型	无红边波段			有红边波段		
		J-M 距离	总体分类精度/%	制图精度/%	J-M 距离	总体分类精度/%	制图精度/%
11 月 15 日	其他植被-水稻	1.266	88.26	82.66	1.430	89.11	81.61
	水稻-水体	1.992			1.997		
	建筑-水稻	1.945			1.973		
	大棚-水稻	1.816			1.893		
	林地-水稻	1.852			1.971		
	茭白-水稻	1.988			1.995		
	平均值	1.810			1.877		

第五节　不同红边波段下水稻提取精度分析

为了分析不同红边波段组合对水稻提取精度的影响，表 3.5 给出了 8 种方案不同红边波段组合参与的总体分类精度、Kappa 系数、水稻制图精度、用户精度。从表 3.5 可以看出单时相遥感影像引入红边波段农作物提取总体分类精度、Kappa 系数、水稻制图精度均呈现出上升的趋势，总体分类精度由 81.44 %提高到 91.58 %，增加了 10.14 个百分点，Kappa 系数由 0.76 增加到 0.89，水稻制图精度由 83.18 %增加到 92.89 %。方案 2、方案 3、方案 4 分别加入不同的红边波段参与分类，总体分类精度方案 3 优于方案 4 优于方案 2，方案 3 相较于方案 2 和方案 4 总体分类精度增加了 2.27 %和 1.67 %，水稻制图精度增加了 1.33 %和 0.20 %，即表明水稻识别能力 Band6（红边波段 2）优于 Band7（红边波段 3）优于 Band5（红边波段 1）。

表 3.5　不同红边波段参与时的水稻分类精度

方案	波段组合	总体分类精度/%	Kappa 系数	制图精度/%	用户精度/%
1	2+3+4+8	81.44	0.76	83.18	63.80
2	2+3+4+5+8	83.20	0.79	89.71	70.75
3	2+3+4+6+8	85.47	0.81	91.04	71.66
4	2+3+4+7+8	83.80	0.79	90.84	69.80
5	2+3+4+5+6+8	86.36	0.82	91.73	70.62
6	2+3+4+5+7+8	85.92	0.8	89.33	71.56
7	2+3+4+6+7+8	88.78	0.84	92.19	71.67
8	2+3+4+5+6+7+8	91.58	0.89	92.89	93.85

由表3.5可以得到方案1，即无红边波段参与分类总体分类精度最低，为81.44 %，Kappa系数为0.76，水稻制图精度为83.18 %，用户精度为63.80 %；方案8，即3个红边波段均参与分类时，总体分类精度最高，为91.58 %，Kappa系数为0.89，水稻制图精度为92.89 %，用户精度为93.85 %。红边波段参与分类，总体分类精度增加了10.14个百分点，Kappa系数由0.76增加到0.89，水稻制图精度增加了9.71个百分点。

图3.3给出了8月17日7个波段随机森林分类时各波段的重要性排序，从大到小为Band8 > Band6 > Band7 > Band4 > Band5 > Band3 > Band2，红边波段和近红外波段在水稻提取中均比较重要；对于3个红边波段来说，重要性排序为Band6> Band7> Band5，与不同红边条件下分类精度比较分析的结果相吻合，即利用Sentinel-2影像提取水稻时，红边波段2、红边波段3发挥重要作用，需要着重关注。

8月17日单时相遥感影像德清县随机森林分类混淆矩阵如表3.6所示，7种典型地物分类结果如图3.4所示。从表3.6可以看出8月17日水稻提取总体分类精度为91.58 %，Kappa系数为0.89，水稻制

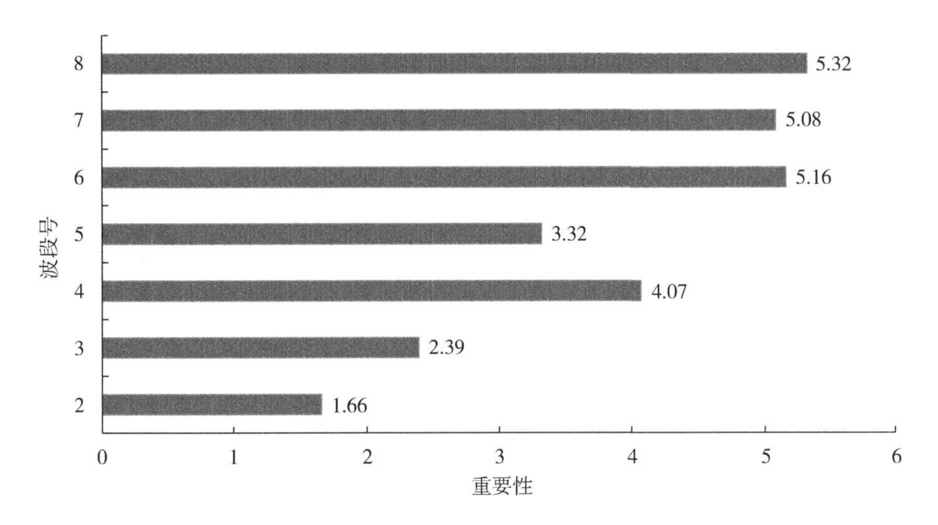

图 3.3　Sentinel-2 卫星各波段在水稻分类中的重要性排序

图精度为 92.89 %，错分误差为 7.11 %，水稻用户精度为 93.85 %，漏分误差为 6.15 %。水稻与大棚、建筑、茭白、水体错分像元较少，主要是和其他植被、林地错分严重，原因可能是 8 月 17 日水稻处于拔节期，此时水稻在遥感影像上显示为植被光谱特征，与林地、其他植被反射率相似，光谱差异小。从图 3.4 可以看出德清县水稻种植面积少，空间分布较为分散，水稻主要分布在德清县东部平原地区，西部地区主要以林地为主，有少量水稻分布在西部地区。

表 3.6　7 个波段下单时相下研究区典型地物分类的混淆矩阵

类别	其他植被	大棚	建筑	茭白	林地	水稻	水体	总计	用户精度
其他植被	2 027	43	38	37	303	54	0	2 502	81.02
大棚	17	161	225	20	1	5	0	429	37.53
建筑	3	43	2 802	0	0	4	0	2 852	98.25
茭白	65	0	0	451	0	0	0	516	87.40
林地	339	0	0	0	5 792	55	0	6 186	93.63
水稻	53	2	4	9	33	1 541	0	1 642	93.85

续表

类别	其他植被	大棚	建筑	茭白	林地	水稻	水体	总计	用户精度
水体	0	0	5	0	0	0	2 003	2 008	99.75
总计	2 504	249	3 074	517	6 129	1 659	2 003	16 135	
制图精度/%	80.95	64.66	91.15	87.23	94.50	92.89	100.00		
总体分类精度/%					91.58				
Kappa 系数					0.89				

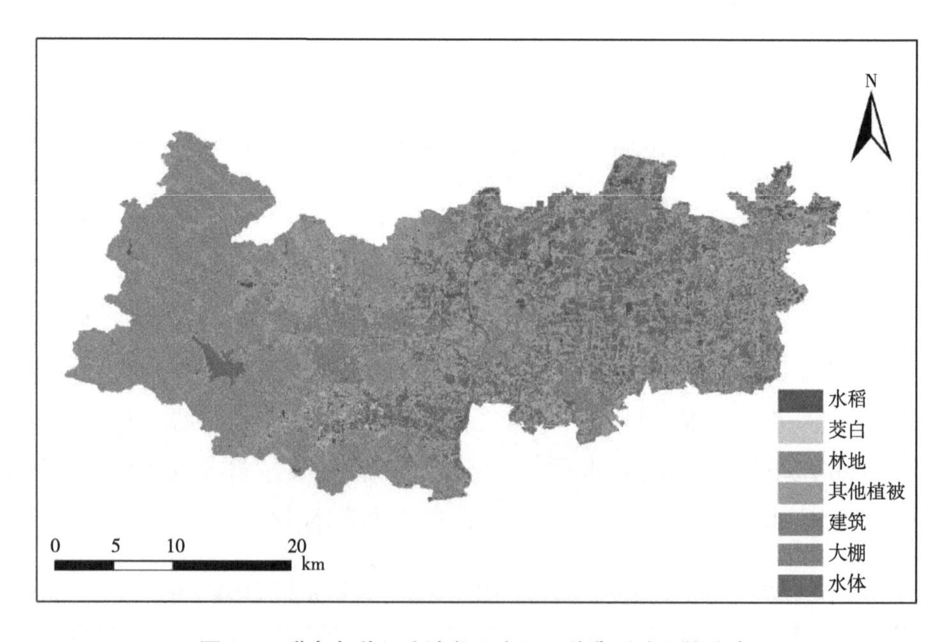

图 3.4　联合各种红边波段研究区 7 种典型地物的分类

第六节　本章小结

为了分析红边波段对水稻分类结果的影响，本研究以浙江省德清县为研究区，首先定性地分析研究区 7 种典型地物的光谱反射率变换，然后通过计算 J-M 距离和分类精度，比较有无红边波段条件下水稻与其他地物间的可分离性，分析不同红边波段对分类精度的影响，结果如下。

7 类典型地物的光谱特征在 Sentinel-2 影像上，红、绿、蓝波段各地物光谱差异小，难以区分，而红边波段、近红外波段各地物反射率变化则较为明显，为区分地物类型提供依据。

与无红边波段相比，有红边波段的 5 个时相影像上水稻与其他地物之间的 J-M 距离均增加，其中 8 月 2 日林地-水稻、茭白-水稻 J-M 距离分别为 1. 976 和 2. 000，可分离能力最优，8 月 17 日其他植被-水稻、水稻-水体、建筑-水稻、大棚-水稻 J-M 距离均最大。从总体分类精度来看，8 月 17 日最高为 91. 58 %，8 月 2 日最低为 87. 94 %；从水稻制图精度来看 8 月 17 日最高为 92. 89 %，5 月 24 日最低为 74. 14 %。由此得到 8 月 17 日影像水稻与其他地物间可分离性最好，总体分类精度、水稻制图精度也为最高，即在水稻生长拔节期时做适合进行水稻分类研究。

Sentinel-2 影像中 3 个红边波段不同组合参与分类，水稻识别能力 Band6（红边波段 2）>Band7（红边波段 3）优于 Band5（红边波段 1）；3 个红边波段均参与分类时，总体分类精度最高，为 91. 58 %，Kappa 系数为 0. 89，水稻制图精度为 92. 89 %；随机森林重要性排序结果与不同红边条件下分类精度比较的结果相吻合，即利用 Sentinel-2 影像提取水稻时，红边波段 2、红边波段 3 发挥重要作用，需要着重关注。

第四章　旱地作物极化 SAR 分类特征选择研究

第一节　研究区与数据

一、研究区概况

农作物分类的研究区位于河北省深州市（图 4.1），深州市为衡水市下辖的县级市，地处河北省东南部，河北平原中部，地理坐标范围

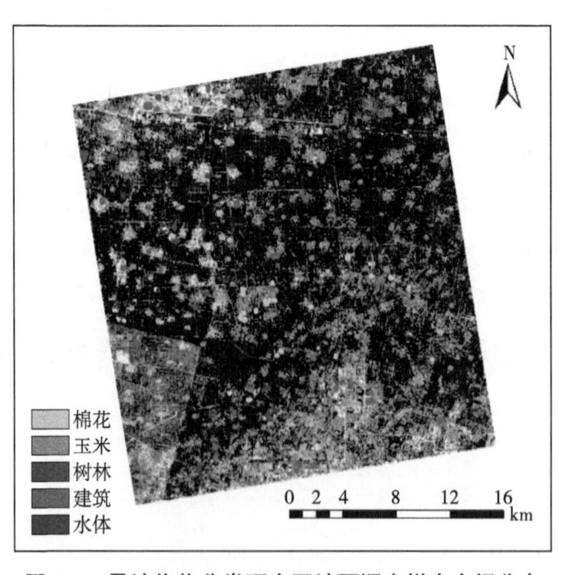

图 4.1　旱地作物分类研究区地面调查样本空间分布

115°21′~115°50′ E、37°42′~38°11′ N。深州市境内地势平坦开阔，西高东低，最高处海拔 28 m，最低处海拔 16 m。年降水量 480 mm 左右，主要集中在 6—8 月，年平均气温 12.6 ℃，无霜期>190 d，光热条件充足，适宜农作物种植（东朝霞，2016）。研究区占地面积为 25 km×25 km，主要的地物类型为农作物，但也存在水体、建筑和树林。研究区的分类体系为玉米、棉花、树林、建筑、水体，共 5 个类别，图 4.1 展示了研究区地面调查样本空间分布情况。

二、研究数据

（一）遥感影像

RADARSAT-2 是加拿大第 2 代地球观测卫星，其上搭载 C 波段/5.405 GHz 传感器，由加拿大空间署和 MDA 公司合作研发，于 2007 年 12 月 14 日发射升空。它是 1 颗高分辨率商用雷达卫星，是当今世界上最全面、最综合的 C 波段雷达卫星，也是全球运营效率最高、商业化最成功的雷达遥感卫星。卫星设计使用寿命 7 年而预计寿命为 12 年，已超时运营。该卫星高度为 798 km（赤道上空），可以在地面指示下，切换左右侧视 2 种拍摄方向，从而提高卫星的时间分辨率和立体数据获取能力，相同入射角重访周期为 24 d。此外，其数据存储能力非常强，在高精度姿态测量和控制方面性能出色。RADARSAT-2 有多个极化方式、18 种成像模式，分辨率涵盖在 1~100 m，幅宽范围 18~500 km，是目前影像质量最高的 SAR 数据之一，被应用于农业、林业、海洋、水文、地质等各个领域。

本研究使用精细全极化模式（Fine Quad-Pol，FQ）RADARSAT-2 数据，包括 4 种极化方式（HH、HV、VH、VV）。产品级别选择 SLC（Single Look Complex），即单视复数产品，保留了 SAR 数据的相位信息。图像幅宽 25 km×25 km，相同入射角的重访周期为 24 d，分辨率为 5.2 m×7.6 m（距离向×方位向）。参考研究区物候历表，本研究共使用了 10 景 RADARSAT-2 数据，其中 2014 年 6 景，2021 年 4 景，表 4.1 列出每景影像的详细参数。

表 4.1　RADARSAT-2 数据参数

拍摄时间	模式	入射角	升降轨	冬小麦物候期	夏玉米物候期	棉花物候期
2014 年 SAR 数据						
6 月 3 日	FQ19	38.51°	升轨	—	—	苗期
6 月 27 日	FQ19	38.51°	升轨	—	播种出苗期	蕾期前期
7 月 21 日	FQ19	38.51°	升轨	—	抽穗前期	蕾期后期
8 月 14 日	FQ19	38.51°	升轨	—	抽穗后期	花铃前期
9 月 7 日	FQ19	38.51°	升轨	—	乳熟期	花铃后期
10 月 1 日	FQ19	38.51°	升轨	—	成熟期	吐絮期
2021 年 SAR 数据						
4 月 24 日	FQ20	39.43°	升轨	抽穗前期	—	出苗
5 月 22 日	FQ4	22.33°	升轨	乳熟期	—	五叶期
7 月 1 日	FQ23	42.10°	升轨	—	七叶期	蕾期前期
7 月 22 日	FQ7	42.10°	升轨	—	拔节后期	蕾期后期

本研究用 PolSARpro 5.1.2 和 NEST 4C 软件做 RADARSAT-2 数据预处理，预处理过程包括：其一，辐射定标，确定 SAR 影像灰度值和标准雷达散射截面之间的关系，将传感器输出的电信号数值转化为后向散射系数；其二，滤波，抑制 SAR 影像的斑点噪声；其三，地理编码，相当于几何校正，消除影像的几何畸变。

PolSARpro 是一款强大的 SAR 数据处理和信息提取软件，由法国雷恩第一大学的 Eric Pottier 教授等开发，该软件集成了许多 PolSAR、Pol-InSAR、Pol-TomoSAR 领域的成熟算法和工具，并且提供了用 Tcl-

Tk 编写的友好直观的图形用户界面（GUI）。研究中使用 PolSARpro 5.1.2 对原始的 SLC 影像进行辐射校正、滤波（Refined-Lee 滤波算法，窗口大小为 7×7）、极化分解（包括 Cloude 分解、Freeman 分解、Yamaguchi 分解）。

Next ESA SAR Toolbox（NEST）是欧洲空间局发布的开源软件，可用于雷达数据的读取、可视化、后处理、分析，无论对欧洲空间局的 SAR 卫星（ERS-1/2、ENVISAT、Sentinel-1）还是 RADARSAT-1/2、JERS-1、ALOS PALSAR、TerraSAR-X、Cosmo-Skymed 等第三方卫星数据都同样适用。本研究在 NEST 4C-1.1 版本中进行距离-多普勒（Range Doppler，RD）地理编码，利用目标回波中包含的距离信息和多普勒历程信息构建方程。软件能自动从 JRC FTP 下载对应待处理影像覆盖区域的 30 m STRM DEM 数据用于消除地形影响，重采样时将 RADARSAT-2 分辨率设为 5 m×5 m，投影到“WGS 84 UTM-Zone 50”投影坐标系中。

（二）地面调查数据

2014 年 6—10 月，先后 6 次赴深州市研究区进行分类样本地面调查，记录选取地面样方的土地覆盖类型，用手持 GPS 采集地理坐标信息。获取 2014 年 6 月 7 日的 GF-1 PMS 影像经过拼接、投影转换、几何校正、图像融合（全色+多光谱），融合重采样后分辨率为 2 m×2 m，根据地面调查的 GPS 信息勾画样方边界，考虑到建筑物和水体随时间变化不大，部分建筑物和水体样本直接在 GF-1 影像上通过目视判读选取。地面实地调查和高分辨率 GF-1 遥感影像结合得到分类样本数据集，研究区样本空间分布情况如图 4.1 所示。

分类的研究对象是深州市 5 种主要的地物类型（包括玉米、棉花、树林、建筑和水体），选取了典型地物样方共 142 个，随机抽取总样本数的 2/3 作为训练样本，剩余 1/3 作为验证样本，表 4.2 列出了各地物类型训练及验证集的样本总数、像素总数。

表 4.2　各地物类型的样本数量和像素数量

地物类型	样本数量	像素数量
棉花	25	2 746
玉米	30	10 962
树林	30	7 095
建筑	36	12 283
水体	21	5 032

（三）农作物物候资料

衡水市主要种植的农作物有棉花、玉米、小麦（冬小麦和夏玉米轮作），农作物熟制为一年一熟或一年两熟制。研究区内 3 种主要农作物的具体物候期如表 4.3 所示。

表 4.3　衡水市主要农作物物候期概况

棉花				
播种	出苗长叶	现蕾	开花	裂铃吐絮
4 月中旬至 4 月底	5 月上旬至 6 月上旬	6 月中旬至 7 月下旬	8 月上旬至 9 月下旬	9 月下旬至 11 月初
夏玉米				
播种出苗	拔节	抽穗	乳熟	成熟
5 月下旬至 6 月下旬	6 月下旬至 7 月中旬	7 月下旬至 8 月上旬	8 月中旬至 9 月中旬	9 月下旬 至 10 月上旬
冬小麦				
播种出苗	越冬返青	起身拔节	抽穗灌浆	乳熟成熟
10 月初至 10 月下旬	11 月上旬至 3 月中旬	3 月下旬至 4 月中旬	4 月下旬至 5 月上旬	5 月中旬至 6 月中旬

本研究极化 SAR 旱地作物分类的主要研究对象是玉米和棉花，与轮作的冬小麦、夏玉米不同，夏玉米和棉花的生育期重叠度很高，如

图 4.2 所示。玉米在播种后大约 100 d 可以开始收获，棉花约在 125 d 后开始收获（根据不同区域、品种、种植习惯会有一定变化），棉花的采摘过程漫长，整个吐絮期可以一直持续到 11 月初。

图 4.2　衡水市夏玉米和棉花生育期比较

第二节　研究方法

一、分类特征提取

（一）强度特征

强度特征指的是不同极化方式下的后向散射系数，可从极化协方差矩阵中提取。极化协方差矩阵 C_3 的 3 个主对角线元素经过定标得到 3 个强度特征，因此，后文用 C11、C22、C33 分别表示 HH 极化、HV/VH 极化、VV 极化的后向散射系数。

$$C_3 = (\Omega \times \Omega^{*T}) = \begin{bmatrix} (|S_{HH}|^2) & \sqrt{2}(S_{HH}S_{HV}^*) & (S_{HH}S_{VV}^*) \\ \sqrt{2}(S_{HV}S_{HH}^*) & 2(|S_{HV}|^2) & \sqrt{2}(S_{HV}S_{VV}^*) \\ (S_{VV}S_{HH}^*) & \sqrt{2}(S_{VV}S_{HV}^*) & (|S_{VV}|^2) \end{bmatrix} \tag{4.1}$$

式中，Ω、Ω^*分别代表目标矢量及其自身的共轭转置矢量；S_{HV}、S_{VH}为交叉极化分量；S_{HH}、S_{VV}为同极化分量。

（二）极化分解特征

极化SAR能够测量地物目标每个的散射回波，获得每个地面分辨单元的极化散射矩阵。极化散射矩阵融合了目标散射的位置特性、极化特性与相位特性，可完整地描述观测目标的散射特征。分析极化数据可以有效地提取目标的散射特性，此分析方法就是极化分解理论。极化目标分解理论由Huynen提出，是极化SAR图像解译、目标识别、地物散射机制分析的一种重要手段，借助极化分解理论，可以有效提取出地物目标的散射特征，挖掘出更多可用于农作物分类的有效信息，令极化信息得到充分利用（Mercier et al.，2019b；邹斌 等，2009）。以目标的散射特性变化与否为标准，可将极化分解方法归纳为2类：一是基于散射矩阵的相干目标分解，如Pauli分解、Cameron分解、Krogager分解等；二是基于相干矩阵或协方差矩阵等的非相干目标分解方法，包括Cloude-Pottier分解（简称Cloude分解）、Freeman-Durden三分量分解（简称Freeman分解）、Yamaguchi四分量分解等。相干目标分解要求目标的散射特征是固定的或稳态的，主要应用于能够用散射矩阵完全表示的孤立目标、点目标，而非相干目标分解的目标散射特征是不确定的、时变的，主要应用于分布式目标。由于农作物多为回波非相干的分布式目标，因此，多采用非相干目标分解。

对目标散射矢量矩阵k及其共轭转置矢量k^*求外积，基于互易性，得到三维极化相干矩阵 T_3，如下所示。

$$T_3 = (k \times k^{*T}) = \frac{1}{2}\begin{Bmatrix} (|S_{HH}+S_{VV}|^2) & [(S_{HH}+S_{VV})(S_{HH}-S_{VV})^*] & 2[(S_{HH}+S_{VV})S_X^*] \\ [(S_{HH}-S_{VV})(S_{HH}+S_{VV})^*] & [|(S_{HH}-S_{VV})|^2] & 2[(S_{HH}-S_{VV})S_X^*] \\ 2[S_X(S_{HH}+S_{VV})^*] & 2[S_X(S_{HH}-S_{VV})^*] & 4(|S_X|^2) \end{Bmatrix} \tag{4.2}$$

式中，$S_X = S_{HV} = S_{VH}$；S_{HV}、S_{VH}代表交叉极化分量；S_{HH}、S_{VV}代表同极化。

该研究用 PolSARpro 5.1.2 软件对 T_3矩阵进行极化目标分解，使用了 3 种极化分解方法分别是：Cloude-Pottier，Freeman-Durden（FD）、Yamaguchi（YG），共提取了 11 种极化参数：alpha、entropy、anisotropy、entropy _ shannon（Liu et al.，2019）、FD-Vol、FD-Odd、FD-Dbl、YG-Vol、YG-Odd、YG-Dbl、YG-Hlx。

（三）纹理特征

作为遥感影像的一种重要信息和基本特征，纹理是进行影像分析和解译的重要信息源之一。纹理特征是描述和识别地物的重要依据，它通过灰度的空间变化规律如重复性，来反映地物的视觉粗糙度等特征。此外，纹理信息可以减轻异物同谱和同物异谱现象带来的影响，许多研究也表明了纹理信息能够提高分类的准确性。本研究采用 Haralick（1990）提出的灰度共生矩阵（GLCM）提取纹理特征，它是一种非常常见的纹理统计分析方法，得到了广泛应用。灰度共生矩阵是像元距离和角度的矩阵函数，是图像在变化方向、间隔、幅度、速度上的综合反映，通过计算图像中 2 点（有一定距离）的灰度之间的相关性，可以分析像元排列规则和图像的局部模式。重点强调灰度的空间依赖性，反映图像像元之间的空间关系。灰度共生矩阵法通过计算灰度图像得到它的共生矩阵，然后通过计算这个共生矩阵得到矩阵的部分特征值，来分别代表图像的某些纹理特征。用不同的权矩阵灰度共生矩阵进行滤波，从而抽取用来定量描述纹理特征的统计属性。

本研究选择3×3的滑动窗口，灰度量化级别设置为64，使用8个基于二阶矩阵的纹理滤波：均值（Mean）、方差（Variance，VAR）、协同性（Homogeneity，HOM）、对比度（Contrast，CON）、相异性（Dissimilarity，DIS）、信息熵（Entropy）、二阶矩（Second Moment，SM）和相关性（Correlation，COR）。表4.4给出了该研究通过3种特征提取方法提取的全部特征编号、名称及意义。

表4.4　RADARSAT-2数据提取的全部特征

编号	特征名称	特征意义	编号	特征名称	特征意义
1	C11	HH极化后向散射系数	20	HH-Entropy	HH极化信息熵
2	C22	HV/VH极化后向散射系数	21	HH-SM	HH极化二阶矩
3	C33	VV极化后向散射系数	22	HH-COR	HH极化相关性
4	alpha	平均散射角	23	HV-Mean	HV极化均值
5	anisotropy	反熵	24	HV-VAR	HV极化方差
6	entropy_shannon	香农熵	25	HV-HOM	HV极化协同性
7	entropy	熵	26	HV-CON	HV极化对比度
8	FD-Vol	Freeman体散射分量	27	HV-DIS	HV极化相异性
9	FD-Odd	Freeman面散射分量	28	HV-Entropy	HV极化信息熵
10	FD-Dbl	Freeman二次散射分量	29	HV-SM	HV极化二阶矩
11	YG-Vol	Yamaguchi体散射分量	30	HV-COR	HV极化相关性
12	YG-Odd	Yamaguchi面散射分量	31	VV-Mean	VV极化均值
13	YG-Hlx	Yamaguchi螺旋体散射分量	32	VV-VAR	VV极化方差
14	YG-Dbl	Yamaguchi二次散射分量	33	VV-HOM	VV极化协同性
15	HH-Mean	HH极化均值	34	VV-CON	VV极化对比度
16	HH-VAR	HH极化方差	35	VV-DIS	VV极化相异性
17	HH-HOM	HH极化协同性	36	VV-Entropy	VV极化信息熵
18	HH-CON	HH极化对比度	37	VV-SM	VV极化二阶矩
19	HH-DIS	HH极化相异性	38	VV-COR	VV极化相关性

二、特征重要性排序方法

特征度量或评价准则在特征选择中起着重要的作用，它构成了特征选择的基础。本研究使用的特征重要性排序方法包括互信息法、递归特征消除、随机森林、极限树算法，4 种排序方法对应的特征重要性度量分别为互信息、特征权重、置换重要性和基尼系数。后文将算法名称和对应的度量方式名称结合将 4 种排序方法命名为 MI、SVM-RFE、RF-MDA、ET-MDI，通过这 4 种排序方法对特征进行打分和排序。

（一）MI

互信息方法（MI）是一种 Filter 方法，用互信息作为评价准则（Ross，2014；Kraskov et al.，2004）。互信息的主要作用是度量随机变量之间相互依赖的程度，它能够衡量 2 个事件集合之间的相关性。如果（X，Y）$\sim p$（x，y），X、Y 之间的互信息 I（X，Y）可以定义如下。

$$I(X,\ Y) = \sum_{x \in X} \sum_{y \in Y} p(x,\ y) log \frac{p(x,\ y)}{p(x)p(y)} \tag{4.3}$$

式中，p（）是概率密度函数。该方法能够返回每个特征与目标之间互信息量的统计情况。

（二）SVM-RFE

递归特征消除（RFE）是一种 Wrapper 方法，需要指定一个含有 coef_属性（特征权重）的基模型（Guyon et al.，2002）。RFE 的主要思想是以某一模型为基模型进行反复构建，每一次构建模型都根据特征权重选出最好的（或最差的）特征，排除选出的特征后，对剩余特征重复此过程，直到遍历所有输入特征（李志铭 等，2020；Yang et al.，2020；Yang et al.，2019）。本研究使用的 RFE 算法以 SVM 作为基模型，SVM 的核函数选择线性核，因为只有线性核函数含有 coef_属性。采用 SVM 模型先在原始特征集上训练，为每项特征指定一个权重。每次递归时排除权重绝对值最小的特征，递归循环地重复此过程，直至特征数为 1，本研究以特征排除顺序的倒序作为分类特征的重要性排序。

（三）RF-MDA

RF 方法是一种 Embedded 方法，本研究使用平均精度下降（MDA），即置换重要性，作为 RF 的特征重要性度量。其原理是将特征值转化为随机数，计算其对模型精度的影响，并根据多次计算得到的平均精度下降值来衡量该特征的重要性。MDA 的核心思想在于：如果用随机排列的值替换特征，会导致模型分数的下降。可以理解为，如果一个特征足够重要，那么改变它会极大地增加分类或预测误差；反之，如果改变它误差没有增大，则说明该特征不是那么的重要。如果置换数据集上的分数高于正常数据集，那么就表明应该删除该特征并重新训练模型。

（四）ET-MDI

极端随机树（极限树），简称 ET，也是一种 Embedded 方法（Samat et al.，2018）。极限树由 Geurts et al. （2006）提出，与 RF 相似，ET 也是由多棵决策树集成的分类器。二者的不同主要有以下 2 点（Zafari et al.，2020；黄丛吾 等，2018；胥海威 等，2011）：其一，ET 不采用自助采样法进行有放回地抽取样本，而是充分利用所有样本，每棵决策树都用整个数据集来训练；其二，进行决策树分叉时，ET 随机选择一个特征值，而 RF 总是选择随机子集内的最优特征值作为分叉节点。参照“误差-分歧分解”理论，每个“弱学习器”精度越高，不同“弱学习器”之间差异性越大，集成学习的效果越好。因此，与 RF 相比，ET 模型的精度和泛化能力更强。

本研究中 ET 的评价准则是平均不纯度下降（MDI），这里的不纯度也就是基尼系数（Gini Impurity），代表从一个数据集合中随机抽取子项，结果中某一子项产生的预期误差率。可以简单理解为一个随机事件变成它的对立事件的概率。不纯度是熵的一个近似值，所以含义和熵类似，可以衡量不确定性的大小，即杂乱程度。不纯度越小，集合的有序程度越高，分类的效果越好。不纯度为 0 表示集合类别一致。计算公式如下。

$$G(p) = \sum_{k=1}^{K} P_k(1 - P_k) = 1 - \sum_{k=1}^{K} P_k^2 \tag{4.4}$$

式中，P_k 为某随机事件发生的概率。

三、分类特征优选方法

本研究创建了后向消除特征选择算法。将总特征集按照特征重要性排序输入分类器（随机森林和支持向量机，原理介绍见第五章第一节），依次减去排在最末的特征，每减去一个都对新产生的特征集进行分类并输出分类精度，绘制精度变化折线图，确定最佳特征数和特征集合。图 4.3 是后向消除特征选择流程的示意图，图中的数字代表特征的编号。

本研究的 4 种特征重要性排序算法以及后向消除特征选择算法都是在 Python3.7 环境下，借助 numpy、pandas、scikit-learn 等第三方库实现的。

第三节　典型地物后向散射特征分析

传感器接收的雷达散射回波同时受到与植被、地表相关的多种因素的影响，包括植被体各部分的结构尺寸、种植密度、植被含水量、土壤粗糙度、土壤含水量等，物候、农作物类型的差异也会造成雷达

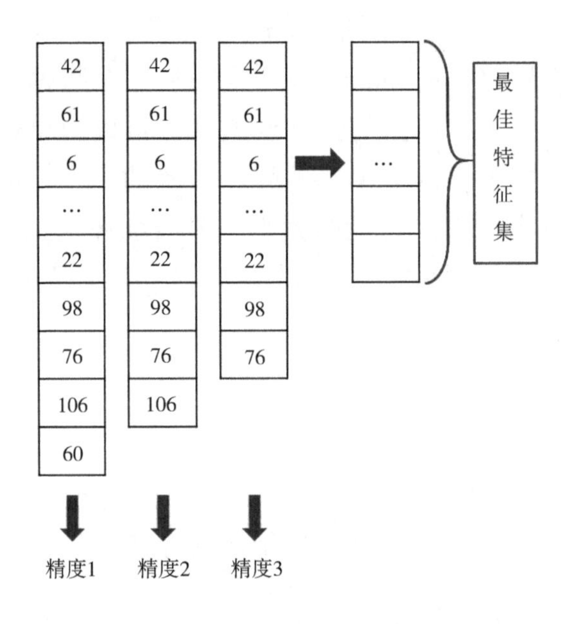

图 4.3　后向消除特征选择流程示意图

后向散射的变化，这些因素和雷达散射回波之间的联系为利用 SAR 数据进行地物分类、农作物识别提供了依据（东朝霞 等，2016）。利用前期地面调查结合 GF-1 生成的地物样本数据集，从覆盖旱地作物生育期的 6 景全极化 RADARSAT-2 数据中，提取了玉米、棉花、水体、建筑和树林在不同极化下的后向散射系数 σ^0（C11、C22、C33）（图 4. 4）、Freeman 分解得到的 3 个分量（图 4. 5）以及 Cloude 分解得到的 4 个分量（图 4. 6）。为了突出各地物之间的差异，表示特征值的纵坐标选取了不同的坐标轴间隔和最大值，6 月 3 日玉米还未出苗，因此，从 6 月 27 日开始统计了玉米各项特征的变化情况。影像中提取的后向散射系数是线性的，绘制折线图前将线性的 σ^0 转化为分贝形式，转换公式如下。

$$\sigma^0(\mathrm{dB}) = 10\log_{10}\sigma^0 \tag{4.5}$$

式中，σ^0（dB）表示转化为分贝形式的后向散射系数。

一、不同时相下典型地物后向散射强度特征分析

后向散射系数即地物反射回来的雷达回波强度信息，不同地物的后向散射存在差异。SAR 传感器发射的电磁波在水体表面主要发生镜面反射，回波非常微弱，因此，水体 σ^0 值非常小，与其他地物存在明显区别。研究区的玉米在 6 月 27 日处于苗期，植株矮小，未高过冬小麦麦茬。拔节期，随着玉米茎叶的快速生长，σ^0 也随之增大，7 月 21 日后向散射强度最大，此后基本维持不变。6 月 3 日棉花正在出苗长叶阶段，部分地表覆有地膜，总体而言裸露地表占比较大，主要表现为表面散射，因此此时的 σ^0 最小，与其他地物差异最明显。当棉花进入生长旺盛期时，主导的体散射使其后向散射系数增大。任一极化方式下，建筑和树林的后向散射系数在各个时期都很相近，且随时相变化的趋势近似。HH 极化方式下［图 4.4（a）］建筑和树林后向散射系数 C11 之间的差别在 10 月 1 日达到最大值，但差值仅 3.23 dB，因此，分类时很难将二者区别开来。

不同极化方式下，地物之间的后向散射特征差异也有一定区别。交叉极化方式下［图 4.4（b）］，2 种农作物的后向散射变化都更为

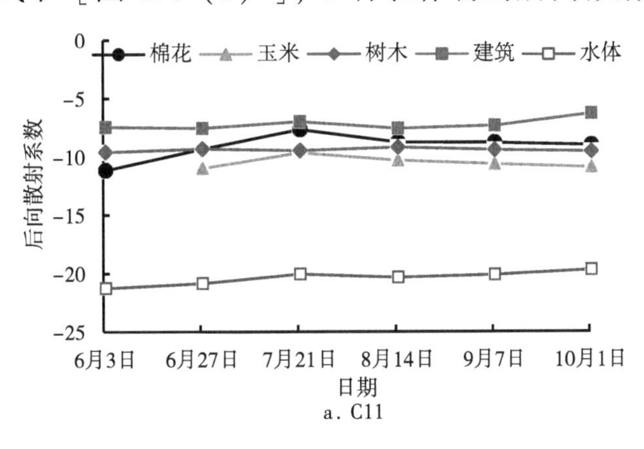

a. C11

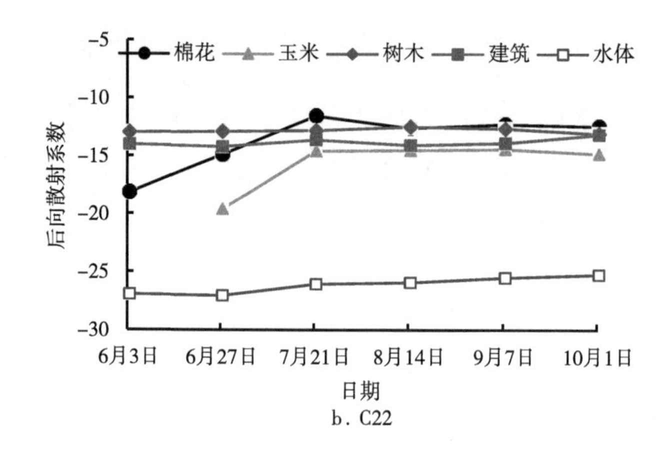

b. C22

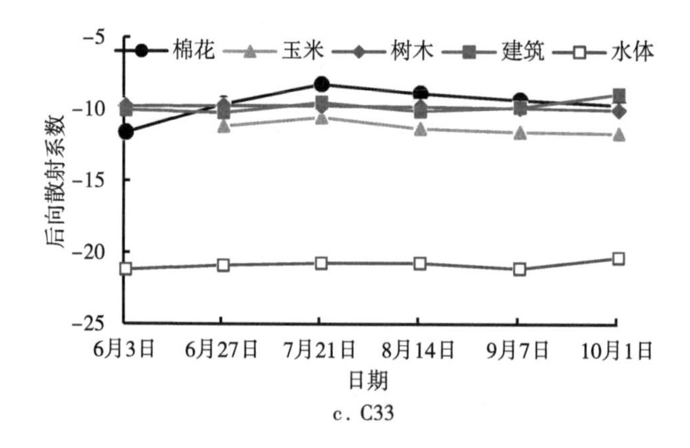

c. C33

图 4.4　典型地物后向散射系数随时相的变化

突出。交叉极化响应源于植被结构的多重散射，由于植被冠层的结构差异较大，因此，交叉极化下的后向散射区分度较大。6 月 3 日至 10 月 1 日分别对应玉米的苗期至成熟期，棉花的苗期至吐絮期，观察交叉极化下的 2 种农作物后向散射系数可以发现，2 种农作物的后向散射系数数值经历了先上升后稳定的过程，且均在 7 月 21 日出现峰值。7 月 21 日以后，除水体外的 4 类地物后向散射系数集中在−15～−12 dB，相互混淆。6 月 27 日的交叉极化下，玉米与其他地物的差别最为显著，表现出明显的谷值，这一时期玉米与水体的后向散射系数差距接近 7.5 dB，与其他地物最小相差 4.7 dB，容易被识别。

二、不同时相下典型地物极化分解特征分析

图 4.5 分别表示 Freeman-Durden 分解的二面角散射、表面散射和体散射分量随时相的变化。从图 4.5（a）明显可以看出建筑物的二面角散射占主导地位，并且和其他地物有显著区别，能够通过这一特性将建筑物划分出来。图 4.5（b）可见 2 种农作物的表面散射值有随时相的变化，整体呈下降趋势。6 月 27 日，玉米、棉花的表面散射数值非常接近，之后的 4 个时相，二者的散射机制由表面散射转化为体散射，表面散射特征值下降，与建筑、树林产生混淆，没有一个时相下玉米或棉花的表面散射均值能够和其他地物明显区别开。图 4.5（c）中 6 月 3 日和 6 月 27 日棉花的体散射值和其他地物相比差异明显，玉米体散射特征值则是在 6 月 27 日和 7 月 21 日同其他地物表现出明显差异，原因是农作物生长前期为营养生长阶段，株高和形态变化迅速，农作物的散射机制逐渐复杂；而生长后期进入生殖生长以后，

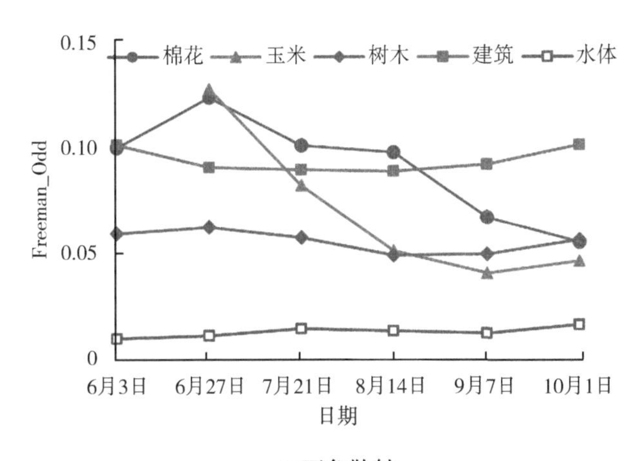

a. 二面角散射

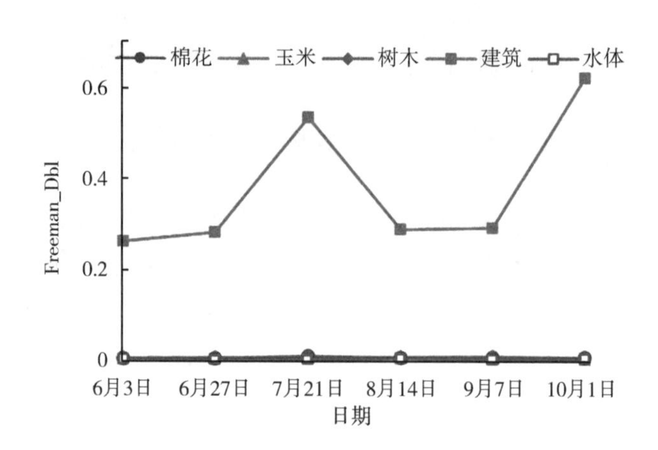

b. 表面散射

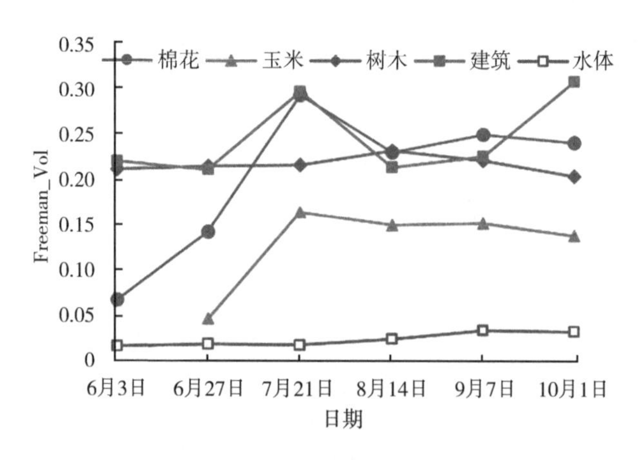

c. 体散射

图 4.5 典型地物 Freeman 分解散射功率随时相的变化

形态变化较小，反应散射机制的各分解分量特征值都趋于稳定。

平均散射角 α 的值与散射过程的物理机制相互联系，值域范围为［0°，90°］，对应着从奇次散射（或表面散射）（α= 0°）到偶极子散射（或体散射）（α = 45°）到偶次散射（或二面角散射）（α = 90°）的变化。图 4. 6（a）中可以看出，6 月 3 日至 7 月 21 日，平均

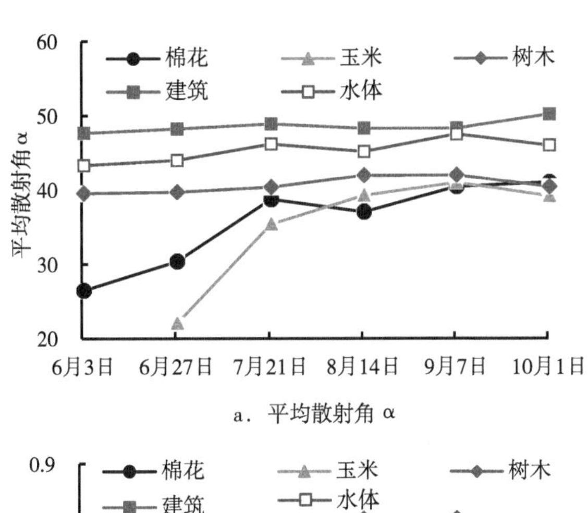

a. 平均散射角 α

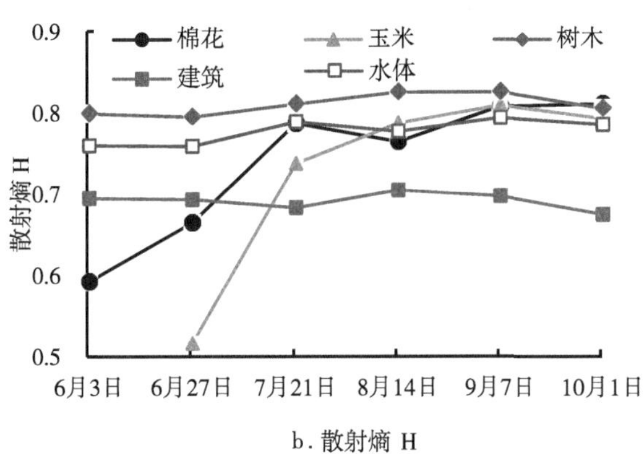

b. 散射熵 H

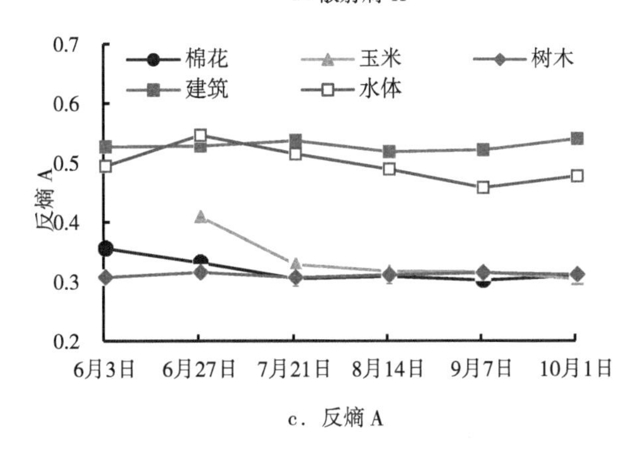

c. 反熵 A

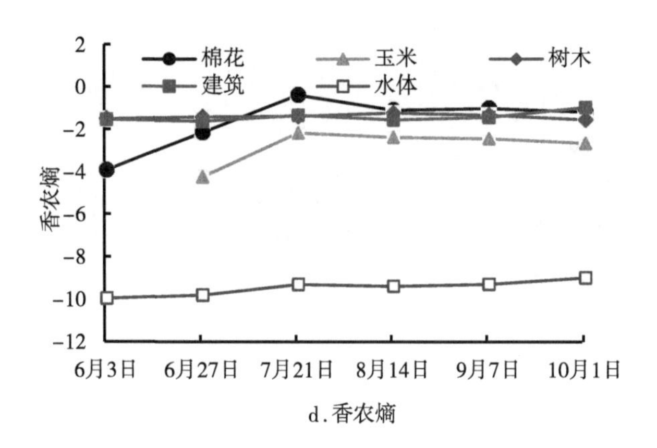

图 4.6　典型地物 Cloude 分解分量随时相的变化

散射角的数值变化很好地呈现了玉米、棉花的主要散射类型从表面散射向体散射过渡的过程，7 月 21 日后，平均散射角 α 稳定在 40°左右。树林平均散射角 α 始终在 40°左右，呈现的是非常典型的体散射，符合实际情况。水体、建筑的平均散射角较大，且没有太大的时相变化，但取值所代表的散射机制介于体散射和二面角散射的阈值范围内，与二者通常情况下表现出的典型特征不相符。分析造成这种现象的原因是研究区范围内，既有城镇也有农村。城镇的建筑结构特性显著，且建筑物的水泥墙面和地面及其他人造物体构成二面角散射，在影像中显示为高亮区域，与农作物有明显区别。但在农村地区，由于部分村庄内建筑物分布不集中，大多采用砖土结构，二面角散射不明显，加之房屋周边常种植蔬菜和树木，导致建筑整体的 α 均值降低。部分水中生长的荷花、芦苇等也对水体的平均散射角造成了影响，使其偏低。极化散射熵 H 表示目标介质的随机性。根据散射熵的大小可知目标介质的散射同异性，当 H（H 趋近于 0）越小时，表示目标散射介质是各项同性越强，即表示同一散射特性的目标散射体为最大的特征值及其特征向量表征的散射机制，忽略其他的散射机制的影响；当 H（H 趋近于 1）越大时，表示目标散射介质各项异性越强，此时不能使用单个特征值表征的散射机制来表示目标散射特性。6 月 3 日至 7 月 21 日期间是农作物快速生长阶段，此时散射介质的各向异性显著增强，农作物的散射机制逐渐复杂，因此玉米和棉花的极化散射熵在这一阶段都明显增大，在农作物生长的中后期，形态结构变化较小，二者的极化散射熵 H 都趋于稳定。而建筑、树林、水体随时相变化较小，其中树林的各向异性强，因此，散射熵始终较大。香农熵各地物变化趋势和交叉极化的后向散射系数非常相似。

通过分析以上 10 张折线图可以初步判断，在农作物生长的前 3 个时相，农作物表现出的散射特征和其他地物有较为明显的区别，适合进行旱地作物分类。因此，后续研究针对这 3 个时相的 114 个特征展开。

第四节　各种分类特征重要性分析

图 4.7 给出了基于基尼系数、置换重要性、互信息 3 种评价方法的特征重要性柱状图，由于递归特征消除只能得到特征排序，而无法获取具体的特征重要性数值，因此，没有绘制柱状图。本研究基尼系数通过极限树算法实现，置换重要性使用随机森林算法实现。图中横坐标为特征编号（编号顺序参照第四章第二节中的表 4.4），1~38 代表 6 月 3 日的特征，39~76 代表 6 月 27 日的特征，77~114 代表 7 月 21 日的特征。

明显能够看出，前 2 个时相的特征重要性普遍高于 7 月 21 日。极化分解特征和强度特征的重要性都远高于纹理特征，除均值外，其他的纹理特征的重要性均较小。观察图 4.7 能够直观感受到，互信息方法的结果中特征重要性的方差相对较小，强度特征和极化分解特征中最重要的特征难以确定，而极限树和随机森林的重要性评价结果比较相近，比互信息法更加客观。

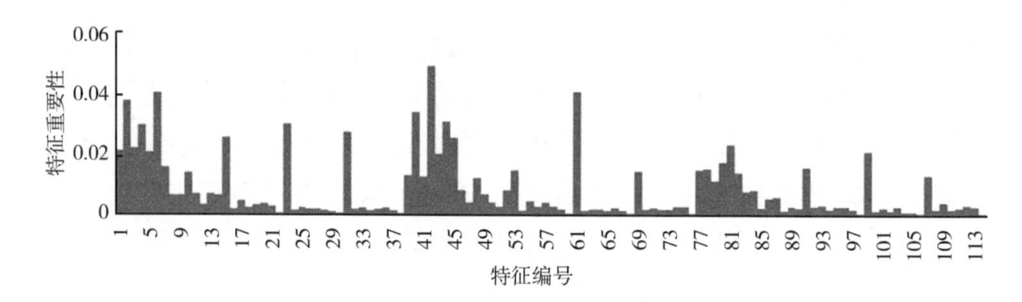

a. 基尼系数

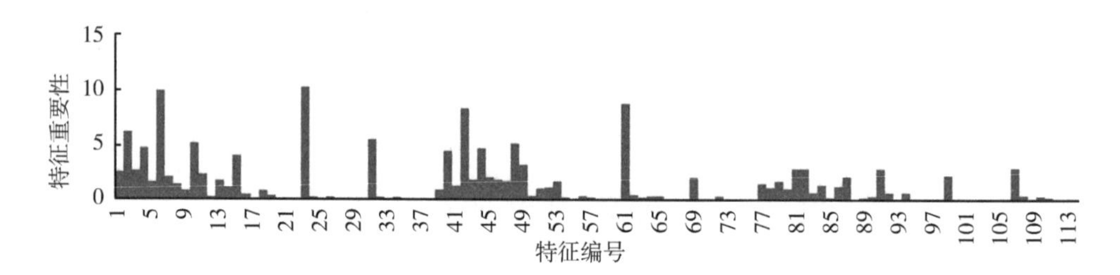

b. 置换重要性

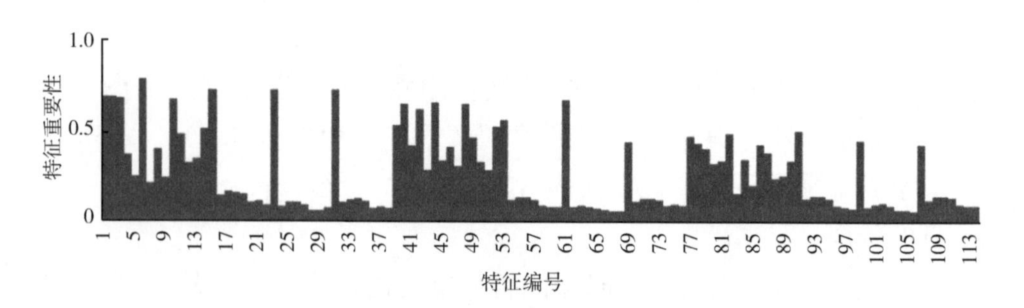

c. 互信息

图 4.7　特征重要性

第五节　旱地作物极化 SAR 分类特征优选与验证

一、分类特征优选

根据本章第二节使用 4 种不同的评价准则得到的特征排序，输入分类器，采用后向消除方法逐步简化特征变量，实现重要特征集筛选。图 4.8 给出了按 4 种不同特征排序结果后向消除得到的分类精度变化折线图，图中使用的分类器分别为随机森林、支持向量机。同种排序方式用相同颜色表示，红色代表极限树排序算法，绿色代表随机森林排序算法，黄色代表互信息排序算法，蓝色代表递归特征消除排序算法。

一般来说，曲线越平滑，波动越小，说明排序方法越好。对比这几种方法的斜率变化能够得出结论，使用相同分类器时，排序算法的性能：极限树>随机森林>递归特征消除>互信息。在特征数逐个减少的过程中，起初分类精度保持稳定，起伏不明显，当减少到一定范围时，折线图呈现明显的下降趋势，本研究将这个出现明显变化的拐点处的特征集和特征个数认定为最佳特征集和最佳特征数。

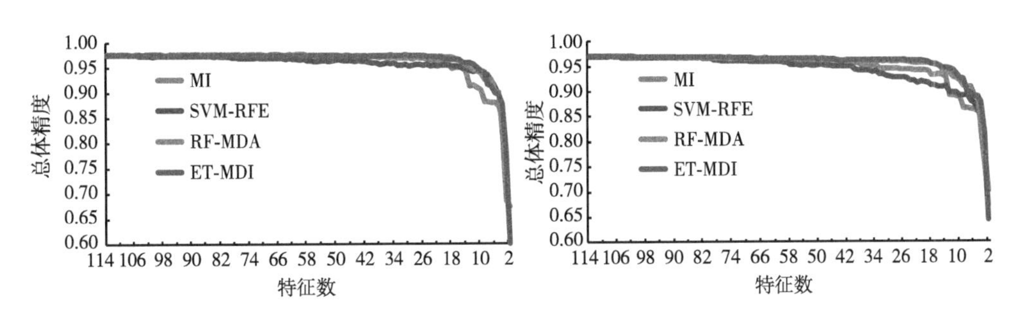

图 4.8　后向消除特征选择精度变化

二、优选后的分类特征评价分析

表 4. 5 将排序靠前的 18 个特征列表进行对比，加粗标注出了精度下降明显的拐点。可以看到第 1 个拐点以前的特征基本都来源于 6 月 3 日和 6 月 27 日这 2 个时相。从特征类型来看，极化分解特征入选的比例最大，尤其在递归特征消除的结果中，排名靠前的全都是极化分解特征。强度特征中，C22，也就是交叉极化的后向散射系数，是强度特征中最为重要的。纹理特征中的 Mean，即均值，表现出较高的重要性，多个极化方式和时相组合下的均值信息都对结果产生重要影响，除均值外的其他纹理特征在重要性评价中排序靠后，没有入选。

表 4. 5　不同排序方法的前 18 个特征对比

排序	极限树	随机森林	互信息	递归特征消除
1	0627_alpha	0603_HV_Mean	0603_entropy_shannon	0603_FD_Vol
2	0627_HV_Mean	0603_entropy_shannon	0603_HH_Mean	0603_YG_Dbl
3	0603_entropy_shannon	0627_HV_Mean	0603_VV_Mean	0627_FD_Vol
4	0603_C22	0627_alpha	0603_HV_Mean	0627_YG_Dbl
5	0627_C22	0603_C22	0603_C11	0721_FD_Vol
6	0627_entropy_shannon	0603_VV_Mean	0603_C22	0721_YG_Dbl
7	0603_HV_Mean	0603_FD_Vol	0603_C33	0603_YG_Odd
8	0603_alpha	0627_FD_Vol	0603_FD_Vol	0603_FD_Dbl
9	0603_VV_Mean	0603_alpha	0627_HV_Mean	0627_FD_Dbl
10	0627_entropy	0627_entropy_shannon	0627_entropy_shannon	0627_YG_Odd
11	**0603_HH_Mean（拐点）**	0627_C22	0627_FD_Vol	0603_YG_Vol
12	0721_anisotropy	**0603_HH_Mean（拐点）**	0627_C22	0721_FD_Dbl
13	0603_C33	0627_YG_Dbl	0627_alpha	0603_entropy
14	0603_C11	0721_VV_Mean	0627_HH_Mean	0627_entropy
15	0721_HV_Mean	0721_anisotropy	0627_C11	**0721_anisotropy（拐点）**

续表

排序	极限树	随机森林	互信息	递归特征消除
16	0603_anisotropy	0721_entropy_shannon	0627_YG_Vol	0721_FD_Odd
17	0627_anisotropy	0721_HH_Mean	0603_YG_Vol	0721_YG_Odd
18	0721_alpha	0603_C33	**0721_HH_Mean（拐点）**	0721_entropy

注：特征名前缀的 4 位数字代表时间，纹理特征名称的组成方式是“时相_极化方式_纹理”。

第六节　本 章 小 结

本章以河北省深州市为研究区，使用2014年6个时相（6月3日、6月27日、7月21日、8月14日、9月7日、10月1日）的 RADARSAT-2 数据，提取了极化 SAR 分类常用的特征，包括 6 个时相的强度特征、极化分解特征（Cloude-Pottier、Freeman-Durden 和 Yamaguchi 分解）和纹理特征，共计 228 个，绘制折线图分析典型地物不同后向散射特征随时相的变化规律。发现玉米和棉花的后向散射特征随时相变化明显，而树林、建筑和水体的各项特征相对稳定，尤其在生长前期 2 种农作物的各项特征变化都和其他地物有明显区别，初步判断生长前期对于玉米、棉花的识别非常关键。

以此为依据，针对前 3 个时相的 114 个特征开展后续的特征选择研究。首先，用 4 种方法（MI、SVM-RFE、RF-MDA、ET-MDI）进行特征重要性排序。排序结果显示，3 类特征中，强度特征与极化分解特征重要性更加突出。强度特征中 C22 最为重要，极化分解特征中，Cloude 分解的平均散射角 α 和香农熵、Freeman 分解的体散射分量，纹理特征中的均值信息也表现出了较高的重要性，能够和后向散射特征折线图表现出的规律相互印证。然后，创建了后向消除特征选择算法，绘制分类精度随特征数递减而变化的折线图，由折线图的拐点确定最佳特征数和特征集合。通过分析优选特征集的组成进一步明确了该研究区旱地作物极化 SAR 分类的最佳时相是 6 月 3 日和 6 月 27 日。本章第四节的特征重要性柱状图和本章第五节的精度变化折线图都反映出，极限树算法（ET-MDI）是 4 种特征排序方法中性能最好的，最适合用于旱地作物极化 SAR 分类的特征选择。

第五章　旱地作物极化 SAR 分类研究

第一节　研 究 方 法

一、旱地作物分类特征筛选

第四章利用特征重要性排序和后向消除特征选择算法得到了 4 种优选特征集。极限树排序算法（ET-MDI）选出了 11 个特征，随机森林排序算法（RF-MDA）选出了 12 个特征，递归特征消除排序算法（SVM-RFE）选出了 15 个特征，互信息排序算法（MI）选出了 18 个特征，后文用特征排序方法加特征数的形式给 4 个优选特征集命名，分别为 ET-MDI（11）、RF-MDA（12）、SVM-RFE（15）、MI（18）。本章对比了这 4 个特征集的分类效果，确定最适合旱地作物极化 SAR 分类的特征集，检验特征选择方法的性能。

二、分 类 算 法

（一）随机森林（RF）

随机森林（Random Forest，RF）是 2001 年由 Breiman 提出的一种监督式机器学习算法，链接多个分类器来解决复杂问题，体现了集成学习的本质（Breiman，2001）。随机森林由多棵决策树组成，训练样本集由随机抽样构造。应用于分类问题时，每棵决策树都是一个分类器，一个输入样本会送入每一棵决策树中进行预测，N 棵树产生 N 个分类结果，然后进行投票，将得票最多的类别指定为最终输出（Linden et al.，2015）。随机森林原理易理解、分类精度高、参数设置简单、抗噪声和离群值影响。由于决策树的输入样本从原数据集中随机抽样，树之间相关性较小，具有很好的鲁棒性，不易过拟合。因上述优点，随机森林已成为遥感影像分类中备受关注的算法之一（Gregorutti et al.，2017；程希萌 等，2016）。本研究随机森林算法的运行平台为 EnMAP-Box，它是基于 IDL 开发的遥感数据处理工具包。随机森林分类算法的重要参数有 2 个：决策树的数量（ntree）和分割节点所需的输入变量数（mtry），本研究 ntree 设置为 100，mtry 设置为总特征数的平方根。

（二）支持向量机（SVM）

支持向量机（SVM）以统计学习理论为基础，采用了结构风险最小化（Structural Risk Minimization，SRM）准则，适合处理小样本和高维特征的问题。具有分类精度高、泛化性能好、运算效率高等优点。SVM 由 Vapnik 等提出，在出现后的 20 年得到快速发展，在深度学习技术出现之前，使用径向基核的 SVM 在很多分类问题上取得了最好的结果（Cortes et al.，2009）。它是一种二分类模型，核心目标是寻找一个最优超平面来对样本进行分割，分割基于间隔最大化原则，也就是要让每一类别中距超平面最近的一个样本与超平面之间的距离尽可能大。SVM 的一大优势是能够借助核函数映射，让决策边界不局限于线性超平面，还可以是复杂的曲面，从而将特征向量映射到使其线性可分的更高维空间，解决线性不可分问题。常用的核函数包括线性核、多项式核、径向基核（高斯核）、Sigmoid 核等，本研究借助基于径向基（Radial Basisi Function，RBF）核函数的 SVM 进行旱地作物 SAR 分类，算法通过 EnMAP-Box 平台实现，重要参数设置：惩罚因子 C 设置为 1，径向基核参数 σ 设置为特征数的倒数。

三、分类精度的评价指标

本研究使用相同的训练样本不同的输入特征构建不同的模型，随后用验证样本的分类结果评价各模型的精确性和稳定性，过程中以 2∶1 的比例对地面调查的样本划分训练集、测试集，并进行三折交叉验证。为定量评估不同特征集的分类效果，选择出最适合旱地作物分类的特征集，同时比较 RF、SVM 分类器的分类性能，建立了混淆矩阵进行精度评价。评估指标包括：Kappa 系数、总体精度（OA）、生产者精度（PA）或召回率（Recall）、用户精度（UA）或精确度（Precision）和 F1 分数。

总体精度，即用被正确分类的像元数除以总像元数，计算公式如下。

$$OA = \frac{\sum_{i-1}^{n} p_{i,\ i}}{\sum_{j-1}^{n} \sum_{i-1}^{n} p_{i,\ j}} \tag{5.1}$$

式中，$p_{i,i}$表示属于第 i 类被分类为第 i 类的像素个数；$p_{i,j}$表示属于第 i 类被分类为第 j 类的像素个数；n 表示地物类型的个数。

Kappa 系数计算如下。

$$Kappa = \frac{N^2 \times OA - \sum_{i-1}^{n} a_i b_i}{N^2 - \sum_{i-1}^{n} a_i b_i} \tag{5.2}$$

式中，N 表示样本总数；a_1，a_2，…，a_n是每一地物类型的实际样本数；b_1，b_2，…，b_n是每一地物类型的预测样本数。

与地面真值比较，真阳性（Ture Positive，TP）、假阳性（False Positive，FP）和假阴性（False Negative，FN）分别代表正确分类、错分类和漏分类的数量。使用这些度量，生产者精度（PA）和用户精度

（UA）被定义如下。

$$PA = TP / (TP + FN) \tag{5.3}$$

$$UA = TP / (TP + FP) \tag{5.4}$$

F1 分数（F1-score）是一种机器学习常用的模型评估指标综合的评价指标，被定义为精确度和召回率的调和平均数。F1-score 的核心思想是：兼顾 PA 和 UA，认为二者同样重要，在尽可能提高 PA 和 UA 的同时，让二者之间的差异尽可能小。它的变化范围为 0～1，在等于 1 时达最佳值，等于 0 时达最差值。本研究分别计算了每种地物的 F1-score，并以某一特征集下各地物 F1-score 的平均值作为该特征集的 F1-score。

$$F1 = 2 \times (UA \times PA) / (UA + PA) \tag{5.5}$$

第二节　不同特征下旱地作物极化 SAR 分类精度比较

将不同方法（MI、SVM-RFE、RF-MDA、ET-MDI）优选出的特征集输入随机森林分类器，分别是极限树排序靠前的 11 个特征，随机森林排序靠前的 12 个特征，递归特征消除排序靠前的 15 个特征，互信息排序靠前的 18 个特征。将这 4 个优选特征集的极化 SAR 旱地作物分类结果同全部特征进行对比，使用相同的验证样本对各特征集的分类结果进行精度评价，将 3 次交叉验证的结果取平均值，汇总统计如表 5.1 所示。结果表明，4 个优选特征集的特征个数不同，但总体精度都大于 90 %，说明本研究的特征选择方法能够筛选出有效特征，在提高分类效率的同时得到精度较高的分类结果。玉米、建筑、水体的制图精度和用户精度都能达到 90 %以上，树林也能达到 85 %，但棉花的制图精度较差，在各个特征集中都未达到 80 %。结合当地情况分析，这一现象产生的原因之一是研究区棉花种植面积少而分散，样本量不足，且受其周围地物的影响较大；另外，棉花的散射机制和玉米、树林近似，容易同这 2 种植被产生混淆。各特征优选方法中极限树方法选出的特征数最少，仅有 11 个，但精度最高，和使用全部特征（114 个）的分类结果相比，总体精度仅低了 1.78 %，效率显著提高。再次观察表 5.1 可知，在由极限树方法选出的 11 个重要特征中，2 个时相有同样的 4 个特征被选为重要特征，分别是平均散射角 α、香农熵、C22、以及基于 C22 提取的纹理特征中的均值。说明了这几个特征信息量较大，对区分地物类型有更大的帮助。

表 5.1　不同特征下研究区典型地物分类精度统计结果

	特征选择方法									
	ET-MDI（11）		RF-MDA（12）		SVM-RFE（15）		MI（18）		全部特征（114）	
	PA/%	UA/%	PA/%	UA/%	PA/%	UA/%	PA/%	UA/%	PA/%	UA/%
棉花	77.15	80.11	77.07	82.08	77.44	77.50	75.10	76.17	79.55	85.85
玉米	96.23	97.15	95.90	97.10	91.59	95.37	94.22	97.29	96.72	97.75
树林	92.03	87.41	91.73	87.44	90.32	82.06	92.54	84.23	95.05	89.44
建筑	94.21	91.89	94.28	91.38	90.75	89.02	92.79	91.96	96.22	94.27
水体	89.10	97.42	89.40	97.51	90.56	99.40	90.68	97.82	91.53	98.54
OA/%	92.63		92.54		90.01		91.70		94.41	
Kappa 系数	0.90		0.90		0.87		0.89		0.93	

注：PA 表示生产者精度，UA 表示用户精度，OA 表示总体精度。

表 5.2 给出了 ET-MDI 优选特征集分类的混淆矩阵，每一列代表了预测类别，每一列的总数表示预测为该类别的像元总数；每一行代表了数据的真实归属类别，每一行的总数表示该类别验证样本的像元总数。可以看出玉米错分为棉花的像元数最多，115 个玉米像元被错分成棉花，而棉花有 153 个像元被错分为树林，由于棉花本身样本量较小，和棉花、树林的混淆大大影响了它的分类精度。建筑和树林也有一定的混淆，一部分原因是农村房屋周边、道路两旁都有较为密集的树木，而本文并未对道路和建筑加以区分，而是将其视为一类，这在

一定程度上降低了树林的分类精度。

表 5.2　ET-MDI 优选特征集分类混淆矩阵

类别	棉花	玉米	树林	建筑	水体	UA/%
棉花	949	85	153	43	0	80.11
玉米	115	5 519	46	55	0	97.15
树林	55	33	3 151	185	0	87.41
建筑	40	6	245	5 732	61	91.89
水体	11	38	10	223	2 304	97.42
PA/%	77.15	96.23	92.03	94.21	89.10	—

由各地物的 PA、UA 计算调和平均数，得到各自的 F1-score，并以某一特征集下各地物 F1-score 的平均值作为该特征集的 F1-score，如表 5.3 所示。可以看到 ET-MDI、RF-MDA 方法优选特征集的平均 F1-score 都达到 0.9 以上，且二者差距非常小。具体分析每种地物的 F1-score，ET-MDI 特征集下玉米、树林、建筑的 F1-score 都是 4 种方法中最高的，RF-MDA 特征集对棉花的识别能力略高一筹，而总体精度相对较低的 SVM-RFE 特征集在识别水体时表现最佳。

表 5.3　不同特征下研究区典型地物的 F1-score 统计结果

	ET-MDI（11）	RF-MDA（12）	SVM-RFE（15）	MI（18）
棉花	0.786 0	0.795 0	0.774 7	0.756 3
玉米	0.966 9	0.965 0	0.934 4	0.957 3
树林	0.896 6	0.895 3	0.859 9	0.881 9
建筑	0.930 4	0.928 1	0.898 8	0.923 7
水体	0.930 7	0.932 8	0.947 7	0.941 1
平均	0.902 1	0.903 2	0.883 1	0.892 1

图 5.1 给出了全部特征、ET-MDI 优选特征集的分类结果图。可以看出玉米占据了研究区的大部分，棉花分布较少。本研究的分类

体系将道路和建筑划归为一类，研究区位于农村区域，村庄分布较多，道路错综复杂，因此，图中可以看到很多长条状的紫色区域。而村庄四周及道路两旁均有树林分布，所以红色的树林和紫色的建筑总是紧挨着的。此外，西北角有一片面积较大的桃林，呈现出大片的红色。研究区水体面积较小，没有大型的湖泊河流，西南部有一条小河经过，但河道较窄且被芦苇和树木遮盖，因此，图中深蓝色面积很小。对比来看，ET-MDI 优选特征集的分类结果和全部特征的分类结果非常相近，在仅使用总特征数 1/10 的特征的情况下，能达到相似的分类效果。

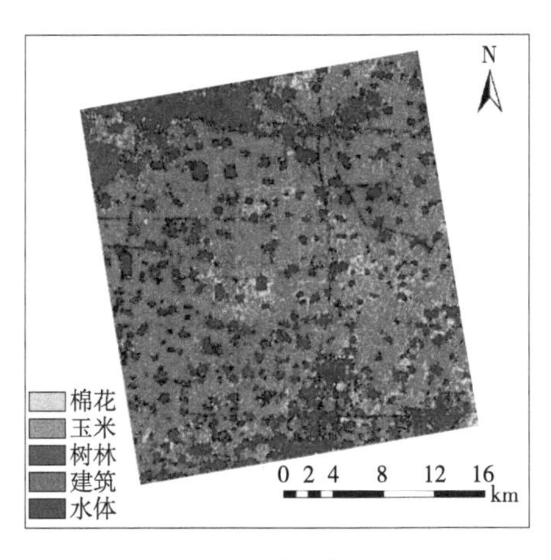

a. 总特征集

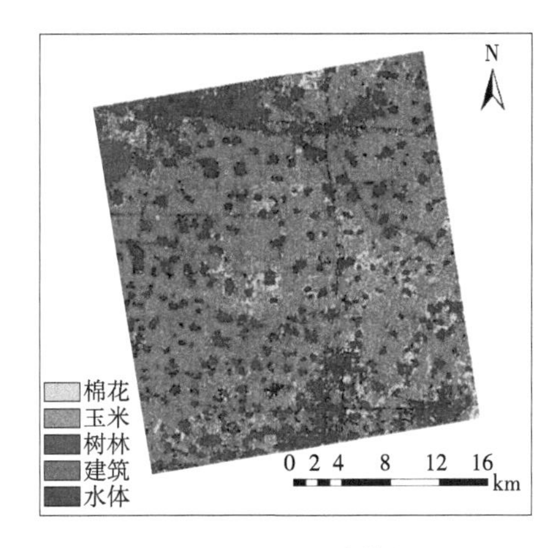

b. ET-MDI优选特征

图 5.1　总特征集和 ET-MDI 优选特征集的分类结果

图 5.2 放大了分类结果图的部分区域，通过局部对比分析各特征集的分类效果。图 5.2（a）是用于参考对照的 GF-1 PMS 数据，图 5.2（b）~图 5.2（f）分别是总特征集、ET-MDI、RF-MDA、MI、SVM-RFE 特征集的分类结果图，红、黄、蓝、绿、紫分别对应树林、棉花、玉米、水体、建筑。第 1 列局部细节对比图中，GF-1 影像上

看起来地块破碎的区域，有些是不同播种时间和管理水平造成同种农作物长势不一致，有些是种植了一些小宗农作物，在本研究中并未将花生、蔬菜、空地等划归为单独的类别。因此，即使使用所有特征，在地块之间也有不少像元被错分为棉花。但与其他特征集相比，ET-MDI 特征集的分类结果中，不同地物类型的界限比较清晰。且同一个地块上的像元较为纯净，如第 1 组对比图中白色矩形框内的绿色区域是一块面积较大的玉米地，在其他特征集的分类结果中，绿色区域中心都混杂了其他颜色。道路两旁常种植有行道树，房屋周边也会栽种林木，树木会遮挡一部分建筑，并且树木的阴影对建筑的分类识别也会产生一定影响，因此，在图中的村庄范围内，总是大片的红色和紫色混杂，边缘不清晰。黑色矩形框中的紫色部分是一条道路的一部分，小部分被树木遮挡，边缘有一些红色像元，ET-MDI 特征集的结果中能看出道路的轮廓，RF-MDA 特征集的建筑（紫色）像元偏多，MI 表现为建筑的错分，将道路南侧的一小片树木错分为建筑，SVM-RFE 对建筑有不少漏分，甚至将一截道路错分为玉米。此外，SVM-RFE 结果中细小零碎的图斑非常多，各类地物都没有清晰完整的轮廓，MI 将过多的其他像元分为棉花，在图中表现为形状不规则的黄色图斑。

观察第 2 列细节对比图，从光学影像可以看出，白色圈内有一小块耕地。ET-MDI 特征集的分类结果中这块地被分为玉米和棉花，但在其他几个特征集中，该地块中间均有部分像元被分为建筑。黑色圈内大部分是一片树林，右侧和建筑相邻。但在 RF-MDA、MI 特征集的分类结果中，较多树林像元被错分为建筑，而 SVM-RFE 表现为建筑的漏分。SVM-RFE 对水体的错分非常少，仅少部分出现漏分的情况。从 GF-1 影像中可以看出图中湖蓝色圈内是建筑和道路，而除 SVM-RFE 以外的特征集都将圈中心的一部分像元错分为水体。这说明 SVM-RFE 特征集对于水体的分类精度较高，但是观察整体可以发现 SVM-RFE 的分类结果中红色树林区域的面积异常大，这是由于许多玉米、棉花、建筑像元被错分为树林，尤其是建筑。

a. 对照

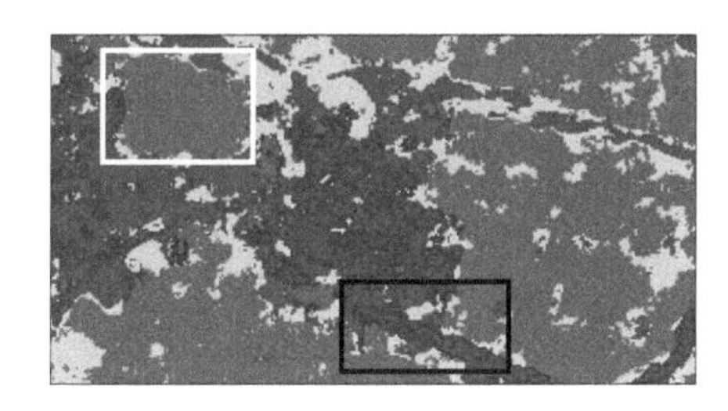
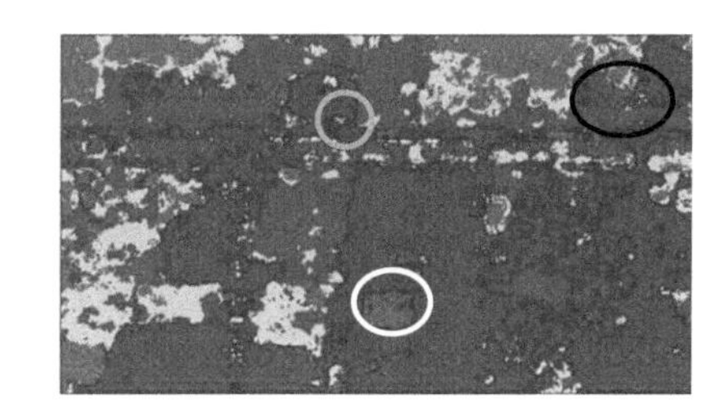

b. 总特征集

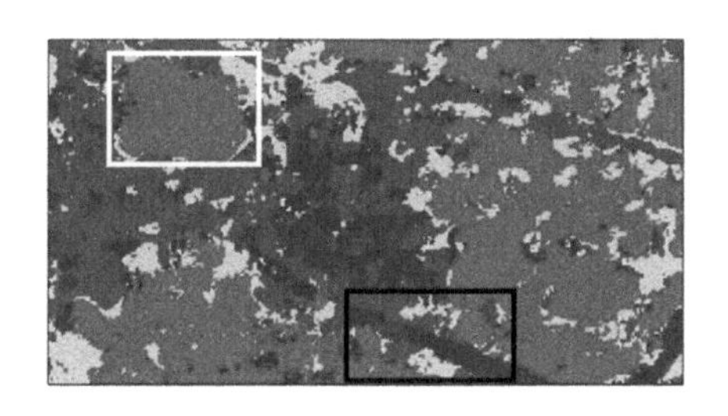
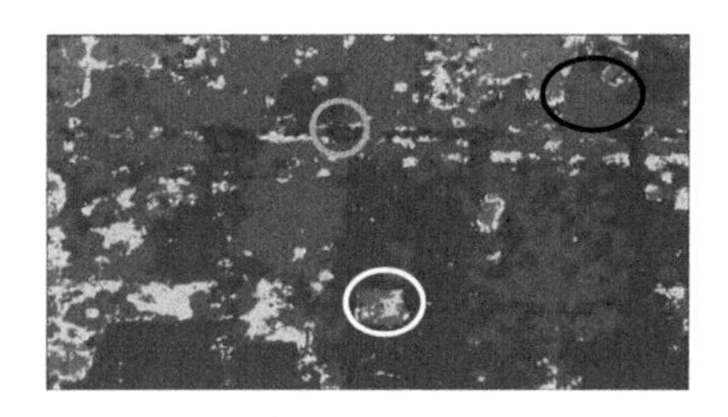

c. ET-MDI

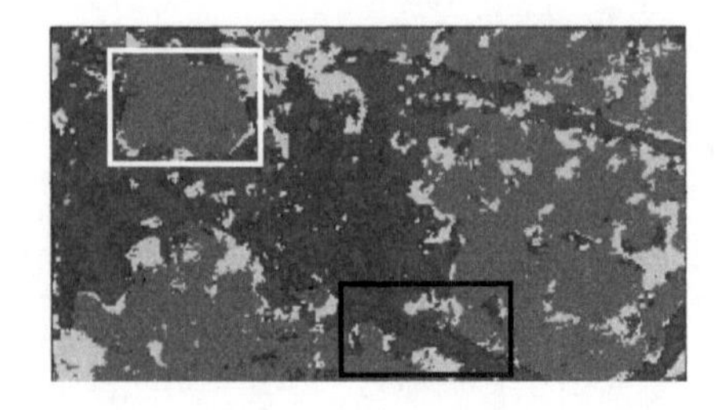

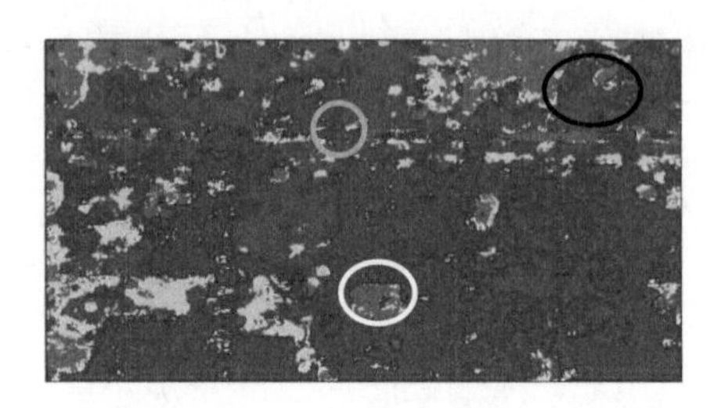

d. RF-MDA

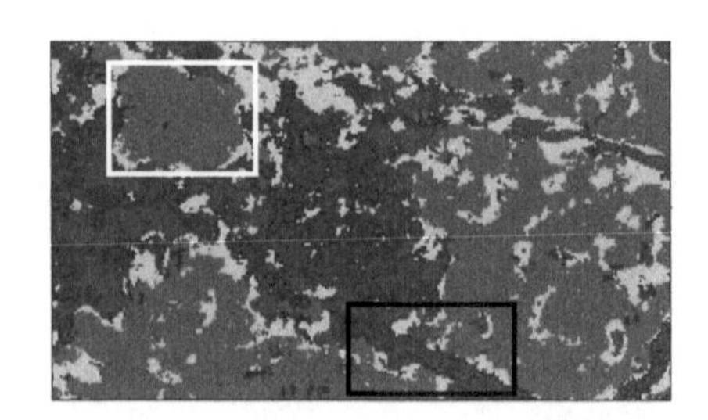

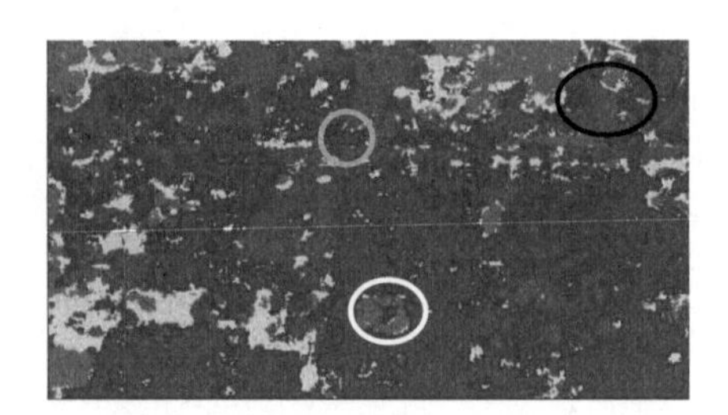

e. MI

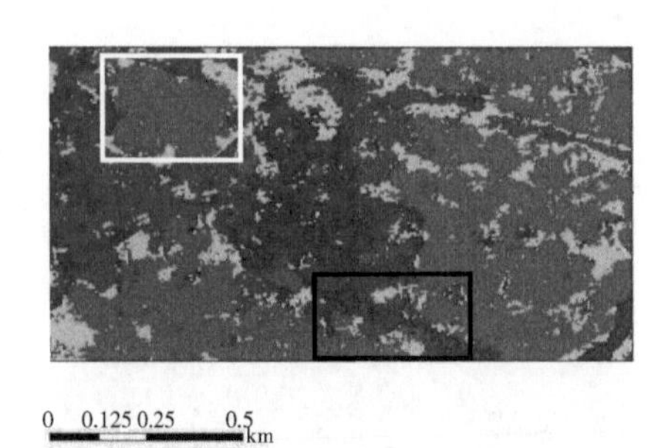

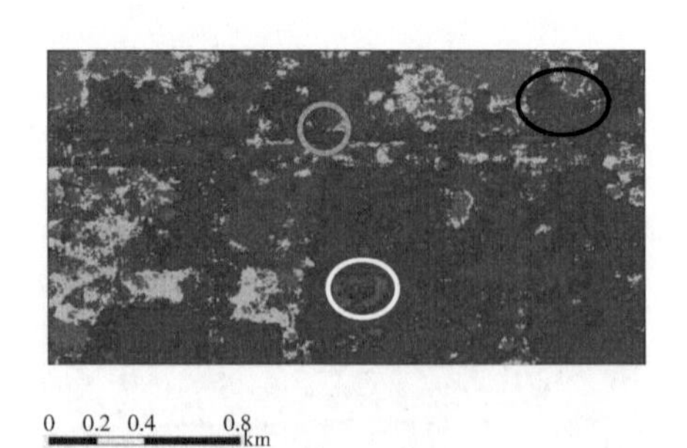

f. SVM-RFE

图 5.2　不同特征下的分类结果局部细节对比

第三节　不同算法下旱地作物极化 SAR 分类精度比较

图 5. 3 给出了按 4 种不同特征排序，依次减少特征数时的分类精度变化折线图。其中，随机森林分类用实线表示，支持向量机分类用虚线表示同种排序方式用相同颜色表示，红色代表极限树排序算法，绿色代表随机森林排序算法，黄色代表互信息排序算法，蓝色代表递归特征消除排序算法。可以看到，图中相同颜色的实线都在虚线上方，说明特征集相同时，随机森林的分类精度高于支持向量机。随着特征数的减少，实线的波动小于虚线，变化较为平滑，说明随机森林分类在特征数的影响较小，稳定性更强。当特征数减至 18 时，所有特征集和算法的组合总体精度都在 90 %以上；当特征数减至 9 个时，使用随机森林分类算法的特征集分类精度依然能达到 90 %，也证明了随机森林在特征数较少的情况下仍能维持稳定。

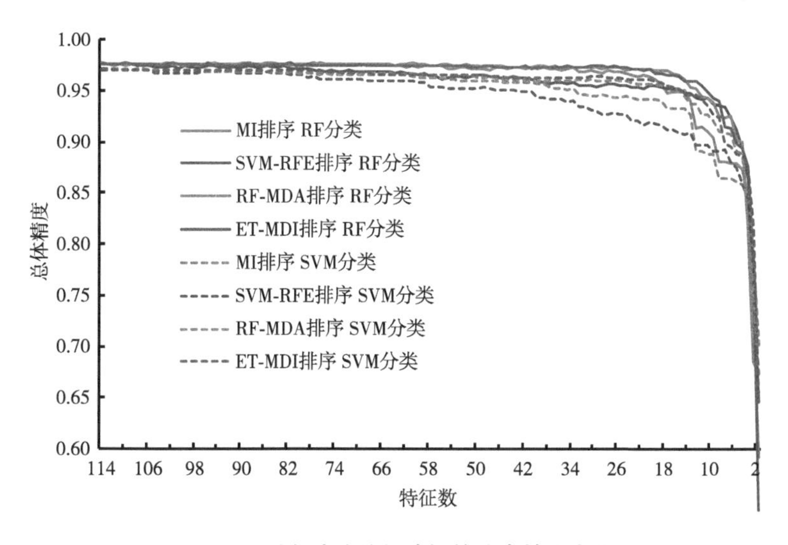

图 5. 3　后向消除特征选择的分类精度变化

图 5.4 给出了 ET-MDI 优选特征集分别输入 2 种分类算法的分类结果图，分别展示了随机森林算法、支持向量机算法的分类结果。对比 2 张分类结果图，与支持向量机相比，随机森林的分类结果图中地块边界更清晰，大面积的图斑内像元更加纯净，例如大块绿色的玉米图斑中黄色小图斑出现较少。SVM 的分类结果中，不同地物像元混杂的现象更严重，尤其是显示为红色的树林和紫色的建筑之间，并且棉花漏分较多。

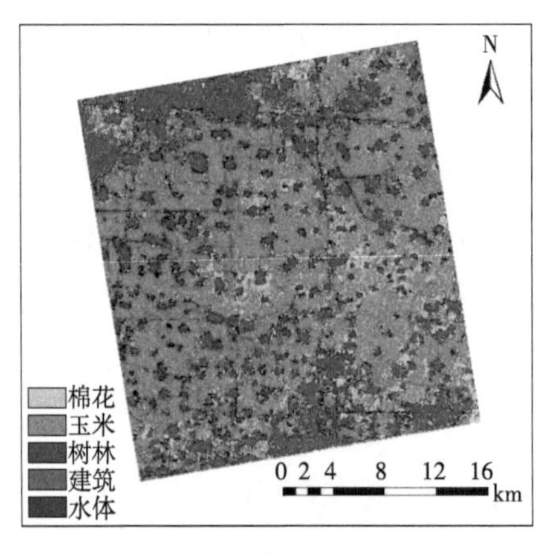

a. 随机森林

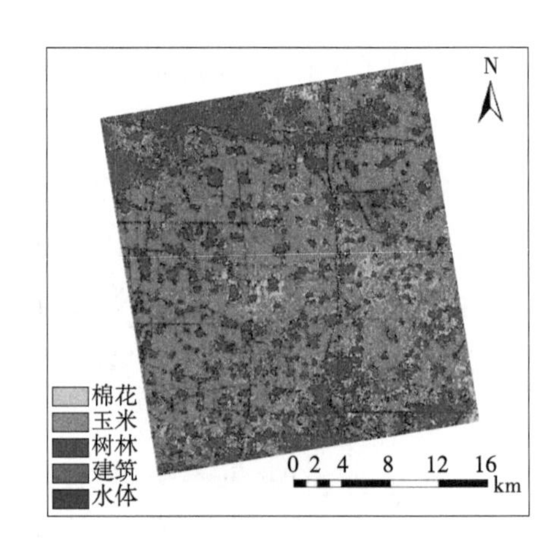

b. 支持向量机

图 5.4　随机森林和支持向量机算法的分类结果

第四节　本 章 小 结

本章在上一章特征选择结果的基础上，由混淆矩阵计算得到 5 个指标：Kappa 系数、总体精度（OA）、生产者精度（PA）、用户精度（UA）、F1-score，定量评价并对比了不同优选特征集（互信息 MI、递归特征消除 SVM-RFE、随机森林 RF-MDA、极限树 ET-MDI），不同分类器（随机森林、支持向量机）对研究区 5 种典型地物的分类效果。

结果表明，特征选择算法中极限树（ET-MDI）的效果最好，选出的特征为 α（0627）、HV-Mean（0627）、entropy_shannon（0603）、C22（0603）、C22（0627）、entropy_shannon（0627）、HV-Mean（0603）、α（0603）、VV-Mean（0603）、Entropy（0627）、HH-Mean（0603）。极限树算法优选的特征集参与随机森林分类时，能用总特征数的 1/10 达到与总特征集相近的分类精度，总体精度只下降了 1.78 %。从整体和局部 2 个角度分析了输入不同优选特征集生成的分类结果图，观察得到，相对其他优选特征集，ET-MDI 特征集的分类结果像元更为纯净，边界相对清晰，分类效果较好，能与计算出的分类精度相互印证。输入全部特征时，RF 和 SVM 都能达到较高的分类精度（95 %左右），但在特征数较少的情况下，RF 的精度更高。总体来看，在旱地作物极化 SAR 分类中，RF 的分类精度和稳定性都要优于 SVM。

第六章　基于深度学习模型的冬小麦叶面积指数反演研究

第一节　研究区与数据

一、研究区概况

研究区位于河北省衡水市冀州区，地处河北省东南部，衡水市西南部，地理坐标范围115°09′~115°41′E、37°18′~37°44′ N，地理位置如图6.1所示。该区位于中国北方粮食生产基地黄淮海平原内，地势

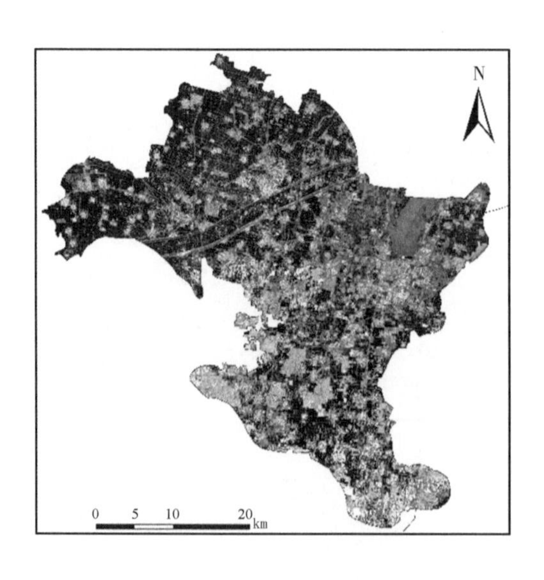

图6.1　研究区地理位置

平坦，平均海拔为21.5～26.5 m。研究区的气候类型为温带大陆性季风气候，特点为夏季高温多雨，冬季寒冷干燥，四季分明，冷暖干湿差异较大。光热资源比较丰富，年日照时数2 400～3 100 h，年均温在13℃左右，年均降水量300～800 mm，气候资源有利于农作物生长发育。研究区总面积为917.17 km²，其中耕地面积597.431 km²，冬小麦和夏玉米是冀州区栽培的主要农作物，常年播种面积在230 km²左右，种植制度为冬小麦—夏玉米一年两熟制。冀州区冬小麦的主要生长期在10月上旬至翌年6月中旬，生长周期较长，其物候期如表6.1所示。

表6.1　冀州区冬小麦物候期概况

物候期	时间	物候期	时间
播种出苗期	10月上旬至11月中旬	拔节期	3月下旬至4月中旬
分蘖期	11月下旬至12月上旬	抽穗期	4月下旬至5月上旬
越冬期	12月中旬至2月下旬	灌浆期	5月中旬至5月下旬
返青期	3月上旬至3月中旬	成熟期	6月上旬至6月中旬

二、研究数据

（一）Sentinel-2 MSI影像数据

Sentinel-2是欧洲空间局发射的高分辨率多光谱遥感卫星。该卫星由2A和2B卫星组成，分别于2015年6月23日、2017年3月7日发射，1颗卫星的重访周期为10 d，2颗互补，重访周期降至5 d，主要用于植被、土地覆盖和环境监测。Sentinel-2卫星携带1枚多光谱成像仪（Multispectral Imager，MSI），拍摄的影像幅宽29 km，由可见光到短波红外的13个光谱波段组成，不同波段的拥有不同的反射率，2A和2B的光谱宽也不完全一致，具体参数见表6.2。其中B1波段主要应用于监测空气污染状况；B2、B3、B4是可见光波段；B5、B6、B7

是红边波段，可以有效地监测植被生长状态。Sentinel-2 光学影像适用于陆地和沿海地区，已广泛应用于植被生长监测、陆地水体提取和土地利用变化监测等领域。

表 6.2　Sentinel-2 卫星主要技术参数

波段号	波段名称	Sentinel-2A		Sentinel-2B		空间分辨率/m
		中心波长/nm	波段宽度/nm	中心波长/nm	波段宽度/nm	
B1	海岸气溶胶	443.9	27	442.3	45	60
B2	蓝	496.6	98	492.1	98	10
B3	绿	560.0	45	559.0	46	10
B4	红	664.5	38	665.0	39	10
B5	植被红边 1	703.9	19	703.8	20	20
B6	植被红边 2	740.2	18	739.1	18	20
B7	植被红边 3	782.5	28	779.7	28	20
B8	近红外	835.1	145	833.0	133	10
B8A	植被红边 4	864.8	33	864.0	32	20
B9	水汽	945.0	26	943.2	27	60
B10	短波红外-卷云	1 373.5	75	1 376.9	76	60
B11	短波红外 1	1 613.7	143	1 610.4	141	20
B12	短波红外 2	2 202.4	242	2 185.7	238	20

通过欧洲空间局网站（https://scihub.copernicus.eu/dhus/#/home）下载与冬小麦地面观测时间相近的 2 期 Level-2A 级影像，成像时间分别为 2021 年 4 月 27 日（抽穗期）和 2021 年 5 月 27 日（灌浆期）。Level-2A 级影像已经完成了辐射定标、大气校正和正射校正处理，每个像元值已是地物的地表反射率。因此，本研究对 Sentinel-2 影像的预处理过程主要为重采样、波段叠加和裁剪。

1. 重采样

由于 Senitnel-2 影像各波段空间分辨率不同，需要对影像重采样至相同分辨率才能进行后续处理。常用的重采样方法有最邻近像元内插法，双线性内插法和双3次卷积内插法3种。最邻近像元内插法是取距离被采样点最近的图像像元亮度值作为采样亮度值。该算法简单，处理速度快，但几何精度较差。双线性内插法是使用内插点周围的4个观测点的亮度值，对所求的像元值进行线性内插。该方法具有平均化的滤波效果，输出图像灰度比较连续光滑。缺点在于产生的图像略模糊，在波段分析中易产生不利影响。3次卷积内插法是使用内插点周围16个观测点的亮度值，用3次卷积函数对所求像元值进行内插。该方法的优势在于内插精度高，图像具有均衡化和清晰化效果。缺点为计算量大，对原始像元灰度值有所破坏。本研究利用SNAP软件Resampling工具，采用最邻近内插法将13个波段图层空间分辨率统一重采样至10 m，便于计算植被指数（具体计算的植被指数见本章第二节）。

2. 波段合成及裁剪

植被指数计算完毕后，各波段数据均为单独存储方式，给后续提取像元值造成极大不便，因而需要波段合成。本研究使用ENVI5.3软件中layerstacking工具将Sentinel-2影像B1至B8A及8个植被指数图层合成一个文件。最后使用冀州区矢量边界进行裁剪得到研究区影像。

（二）冬小麦LAI实测数据

2021年4—5月对研究区冬小麦进行田间数据采集。本研究总共获取了132组数据（抽穗期和灌浆期各66组）。2个生长期内分别测定了冬小麦LAI、叶片数、叶片长宽、株高等多种生理生化参数，图6.2展示了由抽穗期到灌浆期的冬小麦生长姿态变化情况。在抽穗期，冬小麦株高为68 cm左右，每株3~5片叶子，叶片平均长度为20 cm，宽度为1.36 cm，麦穗开始生长。灌浆期冬小麦株高为80 cm左右，每株3~5片叶子，叶片长度平均为20 cm，宽度为1.44 cm，麦穗已完全长出，穗长约为 7. 8 cm，穗宽约为 1. 3 cm。

a. 抽穗期

b. 灌浆期

图 6. 2　冬小麦不同生长期生长状态实地拍照

试验选取研究区内冬小麦生长良好，面积较大、形状规则的 66 个地块进行采样，样点分布如图 6. 3 所示。使用奥维互动地图软件记录 66 个冬小麦采样地的经纬度坐标，在每个地块进行各项生理生化参数的测量。具体测量参数及时间见表 6. 3。

冬小麦各项生理生化参数的测量方法如下。

叶面积指数：使用植物冠层分析仪 LAI-2200C 测量。每个地块选

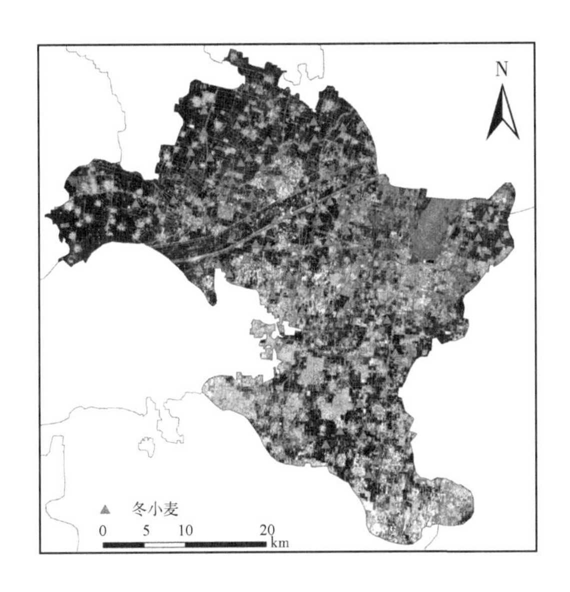

图 6.3　冬小麦采样点空间分布

择 3 处冬小麦长势均匀区域进行测量，每个区域测量 3 次，每个地块总共测量 9 次，取 9 次测量的平均值作为该地块的 LAI 真值。

株高、叶长和叶宽：使用钢卷尺测量植株高度和叶片长、宽。每个样方内选取 3 株长势具有代表性，且距离较远的植株测量其地面到植株最高点的距离，然后挑选植株底部、中部和顶部的 3 片叶子测量长宽，取 3 株农作物株高、叶长和叶宽的平均值作为该样方内农作物株高、叶长和叶宽的真值（孙政，2020）。穗长、穗宽直接使用直尺测量。

表 6.3　冬小麦试验观测时间及项目

测量时间	采样地块	生长期	生理生化参数
2021 年 4 月 22 日至 2021 年 4 月 27 日	1～66	抽穗期	株高、叶面积指数、叶片数、叶长、叶宽
2021 年 5 月 22 日至 2021 年 5 月 27 日	1～66	灌浆期	株高、叶面积指数、叶片数、叶长、叶宽、穗长、穗宽

第二节 研究方法

一、冬小麦 LAI 关键影响因子的筛选

根据以往研究，将植被指数和单波段光谱反射率作为冬小麦 LAI 影响因子。

（一）冬小麦 LAI 影响因子提取

为准确预测冬小麦不同生长期的叶面积指数，本研究参考以往研究选取 8 个植被指数（SAVI、DVI、RVI、GNDVI、IRECI、NDVI、EVI、MTCI）进行计算，表 6.4 列出了 8 个植被指数的全称、Sentinel-2 对应波段、数学公式和参考文献。利用 ENVI5.3 软件 Bandmath 工具对 Sentinel-2 MSI 预处理后影像进行这些植被指数的计算。

表 6.4　各种植被指数名称及计算公式

植被指数	指数全称	计算公式	参考文献
SAVI	Soil Adjusted Vegetation Index	1.5（B8-B4）/（B8+B4+0.5）	Huete et al., 2002
DVI	Difference Vegetation Index	B8-B4	Tucker et al., 1979
RVI	Ratio Vegetation Index	B8/B4	Birth et al., 1968
GNDVI	Green Normalized Difference Vegetation Index	（B7-B3）/（B7+B3）	Gitelson et al., 1998
IRECI	Inverted Red-Edge Chlorophyll Index	（B7-B4）/（B5/B6）	Korhonen et al., 2003
NDVI	Normalized Difference Vegetation Index	（B8-B4）/（B8+B4）	Liu et al., 1995
EVI	Enhanced Vegetation Index	2.5（B8-B4）/（B8+6B4-7.5B2+1）	Clevers et al., 2001
MTCI	MERIS Terrestrial Chlorophyll Index	（B6-B5）/（B5-B4）	Chen et al., 1999

植被指数计算完毕后，利用 ENVI5.3 的 Layerstacking 工具将 8 个植被指数影像与 Sentinel-2 预处理后的影像合成 1 张具有 17 个波段的影像。然后分别将抽穗期和灌浆期的 66 个采样点转换成感兴趣样方（ROI）添加到 17 波段影像中，统计每个样点的光谱反射率并导出分别得到冬小麦抽穗期和灌浆期的光谱反射率曲线（图 6.4）。

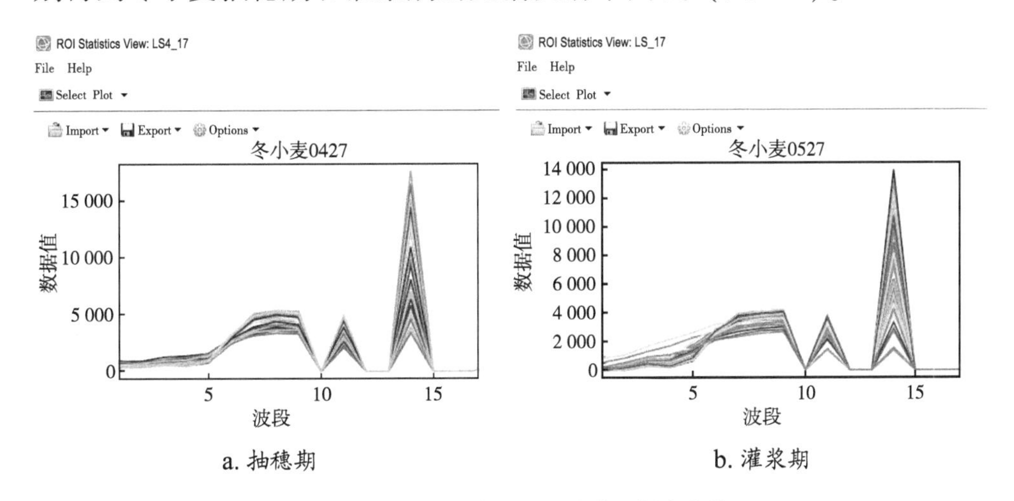

图 6.4　冬小麦 2 个生长期光谱反射率曲线

（二）冬小麦 LAI 关键影响因子筛选

利用 SPSS 26.0 软件对冬小麦不同生长期实测 LAI 与 Sentinel-2 多光谱影像单波段反射率及植被指数做相关性分析。选择显著性水平为 0.001 的因子作为冬小麦 LAI 关键影响因子。

二、冬小麦 LAI 反演方法

将与单个生长期 LAI、总生长期 LAI 达到 0.001 显著水平的关键影响因子作为自变量（x），LAI 作为因变量（y），分别采用 SqueezeNet、随机森林（Random Forest，RF）和支持向量机（Support Vector machine，SVM）3 种方法构建冬小麦 LAI 反演模型。

为使训练集与验证集保持相似的统计特征，减少模型建模和验证中偏差估计的影响，在单一生长阶段，从 66 个样方中随机抽取 46 个作为训练集，20 作为验证集。在复合生长阶段，从 132 个样方中抽取 92 个训练模型，40 个用于验证。

（一）SqueezeNet

SqueezeNet 是由 Berkeley 和 Stanford 大学的学者在 2016 年提出，其结构如图 6.5 所示。

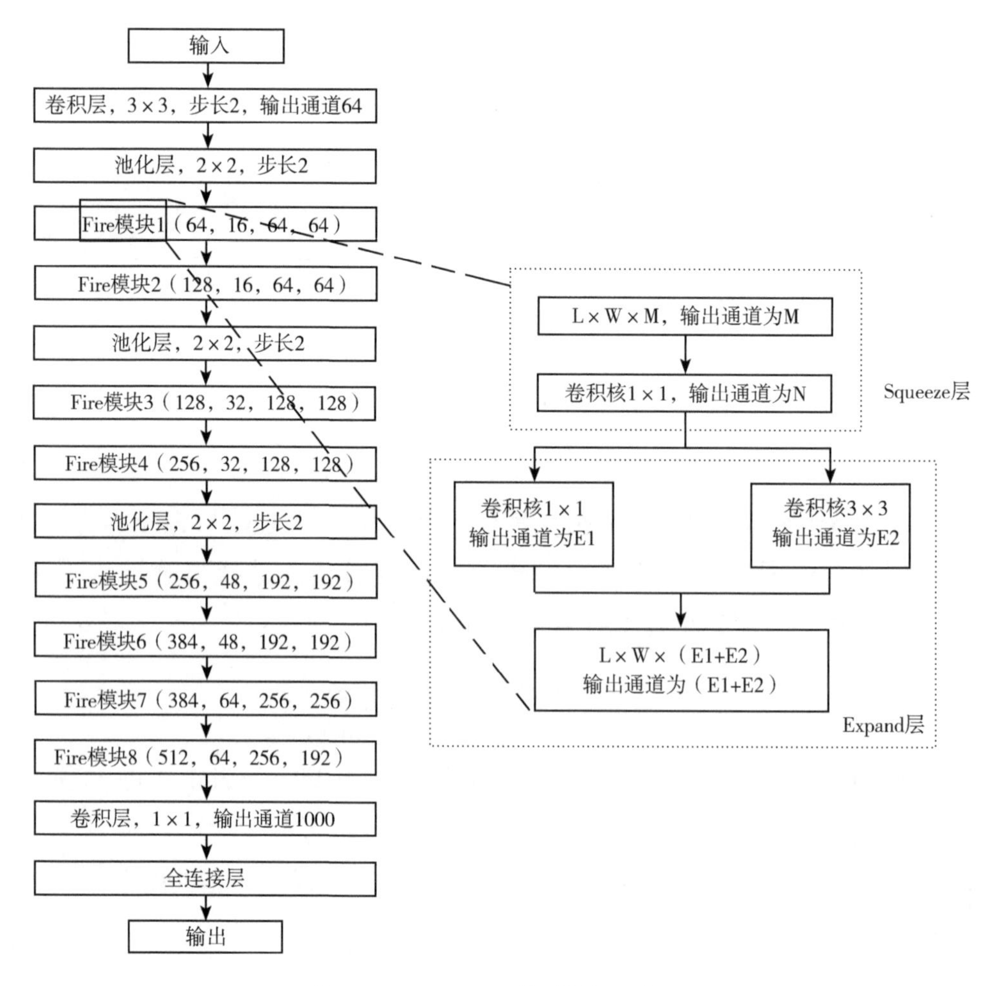

图 6.5　SqueezeNet 模型结构示意图

从图中可以看到，SqueezeNet 网络主体是由多个 Fire 模块（M，N，E1，E2）卷积构成，M 为输入通道数，N 为输出通道数，E1、E2 分别为 fire 模块 Expand 层中 1×1 卷积、3×3 卷积的输出通道数。每个 fire 模块进行 2 层操作：Squeeze 层和 Expand 层。Squeeze 层使用大小为 1×1，步长为 2 的卷积核对输入图层通道数压缩（M 变为 N）。Expand 层则是分别使用 E1 个 1×1 大小卷积核和 E2 个 3×3 卷积核对 Squeeze 层的输出结果进行处理，然后将二者结果拼接使通道数由 N 扩张至 E1+E2。相较于特征图只进行 3×3 卷积，Fire 模块结构的优势在于保证特征图尺寸不变的情况下，既可以获取多卷积的特征信息，参数量还得到大量缩减（在 ImageNet 数据集上与 AlexNet 精度相同，参数量为 AlexNet 的 1/50），因而被称为轻量级网络。

SqueezeNet 模型训练工作站参数：Intel I9-10900k 处理器，内存 32 G，固态存储 512 G，NVIDIA GeForce RTX 3090 显卡。SqueezeNet 模型基于 Pytorch 构建，使用 Adam 优化器训练迭代 30 次，批样本量设置为 16，学习率为 0.01。在全连接层采用随机失活技术（dropout）避免过拟合现象发生，失活比例设置为 0.5。

（二）随机森林回归

随机森林（Random Forest，RF）是 Bagging 算法的一个扩展版本。RF 在 Bagging 基础上，进一步在训练过程中引入随机属性选择。传统决策树是从剩余训练集中寻找最优特征点，而随机森林则是对每个结点，从该结点的特征中随机选择一个子集，再从这个子集中筛选一个最优特征。流程如图 6.6 所示。

随机森林回归算法简要算法如下。

流程 1，假设原始数据集有 N 个样本，从原始数据集中使用有放回的方式抽取 N 个样本。

流程 2，当每个样本有 M 个特征，在决策树的每个结点分裂时，

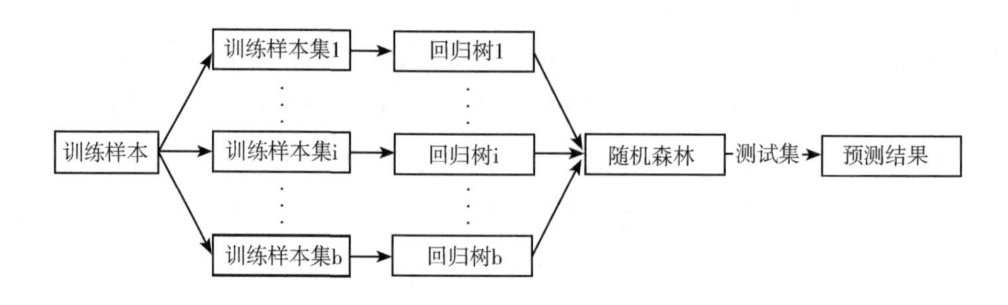

图 6.6 随机森林回归算法流程图

从 M 个特征中随机抽取 m 个特征，此时 m<M。

流程 3，对流程 1 多次执行，得到多个训练集，分别对其进行训练，可以得到数个子决策树。输入样本，每个决策树都会有自己的训练结果。分别对这些训练结果投票，便可得到随机森林的分类数据。

随机森林本身仍是由 Bagging 扩展而来，相对于其他机器学习算法而言，有以下优点。

其一，相比其他算法，随机森林预测精度较高，过采样过程短，能较大数据量，且不需要对巨型数据集进行筛选、处理或特征选择。

其二，研究发现，与其他机器学习算法相比，随机森林误差较小，具体体现在其均方误差较小，对噪声的鲁棒性更强。

其三，实现容易，一般不会发生过拟合。

随机森林回归模型涉及 2 个关键自定义参数：一是回归树的数量（ntree），二是回归树分枝节点所需的输入变量数（mtry）。ntree 代表模型的复杂度和学习能力。构建模型时要选择 1 个足够大的 ntree 值以防止某些样本或变量在子集中仅被选择 1 次的情况。但是 ntree 值过大又会增加模型的训练时间。mtry 选择的随机性使得树之间的差异变大，能够提升模型的容噪能力和泛化能力，因此，mtry 的大小十分重要。经过测试，已经确定冬小麦生长期随机森林回归模型 ntree 的优选值均为 500，则设定 ntree 为 500，并采用五折交叉验证方法对 mtry 参数进行遍历选择，确定最优 mtry 值。五折交叉验证即将原始数据集分成 5 个子样本，每次用其中 4 个子样本作为训练集建立模型，余下的 1 个子样本作为测试集验证模型，得到预测值和误差等，这样重复进行 5 次。mtry 参数选择标准为：根据交叉验证的平均误差较低值所对应的随机变量个数进行确定。

（三）支持向量机回归

支持向量机（Support Vector Machine，SVM）是监督学习中一种常用且高效的线性分类器，是一种二类分类器，在数据量较少时性能非常好。进一步的，SVM 又可细分为线性 SVM 与非线性 SVM。线性 SVM 又有硬间隔与软间隔 2 种。下面简单介绍硬间隔线性 SVM，简要示意图如图 6.7 所示。

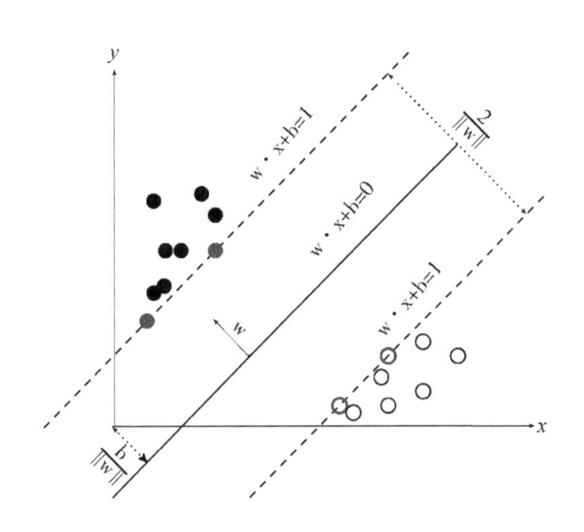

图 6.7　硬间隔线性 SVN

假定 $T=[(x_1, y_1), (x_2, y_2), \cdots, (x_N, y_N)]$ 是某一给定训练集，其中，$x_i \in R^n$，$y_i \in \{+1, -1\}$，$i=1, 2, \cdots, N$。假定这些数据集是线性可分的。对于给定的数据集 T 和超平面 $w \cdot x + b = 0$，可得

样本点与超平面之间的间隔如下公式所示。

$$\gamma_i = y_i\left(\frac{w}{\| w \|} \cdot x_i + \frac{b}{\| w \|}\right) \tag{6.1}$$

则 SVM 求解超平面问题可以表示为下列约束求最优化的问题。

$$\max_{w,\ b}\gamma$$
$$s.t.\ \ y_i\left(\frac{w}{\| w \|} \cdot x_i + \frac{b}{\| w \|}\right) \geqslant \gamma,\ i = 1,\ 2,\ \cdots,\ N \tag{6.2}$$

为简略表示，令：

$$w = \frac{w}{\| w \| \gamma}$$
$$b = \frac{b}{\| w \| \gamma} \tag{6.3}$$

则 SVM 求最优超平面问题又可表示如下。

$$\min_{w,\ b} \frac{1}{2} \| w \|^2$$
$$s.t.\ \ y_i(w \cdot x_i + b) \geqslant 1,\ i = 1,\ 2,\ \cdots,\ N \tag{6.4}$$

上式称之为原问题。使用拉格朗日乘子法便可得到对偶问题，公式如下。

$$\max_{\alpha} Q(\alpha) = \sum_{i=1}^{N} \alpha_i - \frac{1}{2}\sum_{i,\ j=1}^{N} \alpha_i \alpha_j y_i y_j (x_i \cdot x_j)$$
$$s.t.\ \sum_{i=1}^{N} y_i \alpha_i = 0$$
$$\alpha_i \geqslant 0,\ i = 1,\ \cdots,\ N \tag{6.5}$$

计算后可得原问题的解如下。

$$w^* = \sum_{i=1}^{N} \alpha_i^* y_i x_i$$
$$f(x) = sgn\left[\sum_{i=1}^{N} \alpha_i^* y_i (x_i \cdot x_j) + b^*\right] \tag{6.6}$$

线性软间隔及非线性 SVM 不再赘述。SVM 一个重要性质就是，训练集中的大部分训练样本都可以舍去，最终模型只需关心支持向量。SVM 有很多优势，如其在样本量较小时，分类较准确，泛化能力也较优秀；可以引入核函数能较容易的解决非线性问题；在高维特征分类时，也能有较好效果。缺点也较明显，在样本量很大时，计算速度往往会很慢；一个合适的核函数较难寻找等。

支持向量回归机（Support Vector Regression，SVR）是 SVM 的分支(图 6.8)。支持向量回归相对其他线性回归有所区别，它使用高维空间的映射问题进行计算。与 SVM 类似，它也分线性与非线性 2 种。SVR 是一种较为成熟的理论，已成功在许多实际问题中发挥了重要作用。

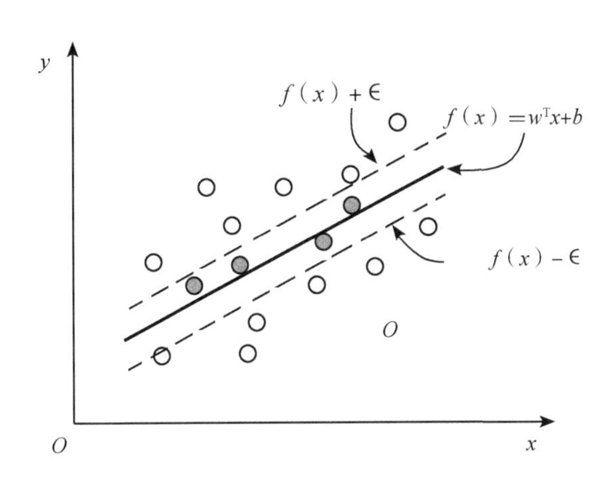

图 6.8　支持向量回归示意图

SVR 的原理与推导思路与 SVM 类似，下面做简要介绍。

给定训练集 $D=[(x_1, y_1), (x_2, y_2), \cdots, (x_m, y_m)]$，$y_i \in R$，假设能允许 $f(x)$ 与 y 之间至多有 $\in$ 的偏差，也就是说，只在 $f(x)$ 与 y 的差别绝对值大于 $\in$ 时才计算损失。如图 6.9 所示，如果样本落在间隔区间内，则认为预测正确。因此，SVR 问题可由以下公式表示。

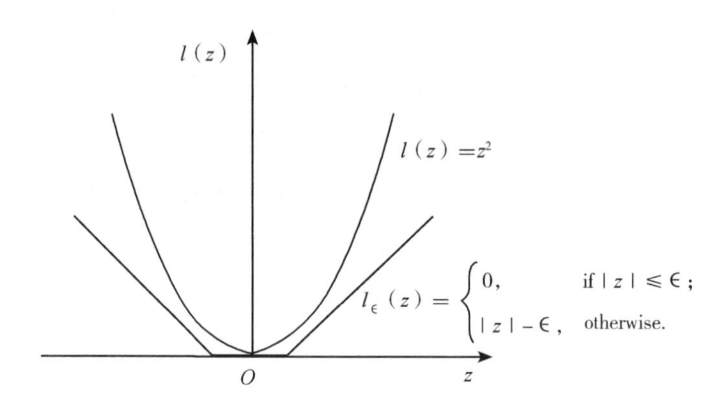

图 6.9　∈-不敏感损失函数

$$\min_{w,\ b} \frac{1}{2} \| w \|^2 + C \sum_{i=1}^{m} l_{\in}(f(x_i) - y_i) \tag{6.7}$$

式中，C 为正则化常数；$l_{\in}$ 是图 6.9 所示的 ∈-不敏感损失函数。

$$l_{\in}(z) = \begin{cases} 0, & \text{if} \ |z| \leqslant \in \\ |z| - \in, & \text{otherwise} \end{cases} \tag{6.8}$$

引入松弛变量 ξ_i 和 $\widehat{\xi}_i$，可得如下公式。

$$\min_{w,\ b,\ \xi_i,\ \widehat{\xi}_i} \frac{1}{2} \| w \|^2 + C \sum_{i=1}^{m} (\xi_i + \widehat{\xi}_i)$$

$$s.t. f(x_i) - y_i \leqslant \in + \xi_i,$$

$$y_i - f(x_i) \leqslant \in + \widehat{\xi}_i,$$

$$\xi_i \geqslant 0,\ \widehat{\xi}_i \geqslant 0,\ i = 1,\ 2,\ \cdots,\ m \tag{6.9}$$

同 SVM 推导方式，引入拉格朗日乘子化简代入后可得 SVR 的对偶问题如下公式。

$$\max_{\alpha,\ \widehat{\alpha}} \sum_{i=1}^{m} y_i(\widehat{\alpha}_i - \alpha_i) - \in (\widehat{\alpha}_i + \alpha_i) - \frac{1}{2} \sum_{i=1}^{m} \sum_{j=1}^{m} (\widehat{\alpha}_i - \alpha_i)(\widehat{\alpha}_j - \alpha_j) x_i^T x_j$$

$$s.t.\ \sum_{i=1}^{m}(\widehat{\alpha_i}-\alpha_i)=0$$

$$0\leqslant\alpha_i,\ \widehat{\alpha_i}\leqslant C \tag{6.10}$$

上述式子需满足 KKT 条件。

经计算可得 SVR 解。

$$f(x)=\sum_{i=1}^{m}(\widehat{\alpha_i}-\alpha_i)\,x_i^T x+b \tag{6.11}$$

由式可知，支持向量必落在∈-间隔带之外。本研究所用方法为非线性 SVR，$f(x)$ 还可表示如下。

$$f(x)=\sum_{i=1}^{m}(\widehat{\alpha_i}-\alpha_i)\kappa(x,\ x_i)+b \tag{6.12}$$

式中，$\kappa(x,\ x_i)=\emptyset\,(x_i)^T\emptyset(x_j)$ 为核函数。

本研究中 SVR 模型是使用 Python 中的 LIB-SVR 库实现的。选择径向基函数作为 SVR 核函数，通过网络搜索方法确定其他参数的最优值。惩罚因子 c 设为 8，核函数参数 g 设为 0. 363 21。

三、冬小麦 LAI 反演精度检验

单一生长阶段使用 46 个训练样本建模，20 个验证样本检验模型；复合生长阶段使用 92 个训练样本建模，40 个验证样本检验模型并评价。将 LAI 的实测值与预测值对比，使用决定系数 R^2 和均方根误差（Root Mean Square Error，RMSE）评价模型精度。决定系数 R^2 的取值范围0~1。R^2 越接近 1，说明预测的 LAI 值越接近地面测量 LAI 真值，预测效果越好。RMSE 反映 LAI 预测值与真实值之间的差异，RMSE 值越小，所构建模型的精度越高。R^2 和 RMSE 的计算公式如下。

$$R^2 = \frac{\sum_{i=1}^{n} (y_i - \bar{y}_t)(\hat{y}_t - \bar{\hat{y}}_t)}{\sqrt{\sum_{i=1}^{n} (y_i - \bar{y}_t)^2} \sqrt{\sum_{i=1}^{n} (\hat{y}_t - \bar{\hat{y}}_t)^2}} \tag{6.13}$$

$$\text{RMSE} = \sqrt{\frac{1}{n}\sum_{i=1}^{n} (y_i - \hat{y}_i)^2} \tag{6.14}$$

式中，y_i 和 $\hat{y}_i$ 别代表为样方 i 的 LAI 实测值和预测值；$\bar{y}_t$ 和 $\bar{\hat{y}}_t$ 分别代表为样方 LAI 实测值和预测值的均值。

第三节　不同生长期冬小麦 LAI 差异性统计分析

本研究在冬小麦抽穗期和灌浆期各选取 66 个样方实测 LAI（具体获取方式见本章第一节），统计抽穗期和灌浆期 2 个冬小麦关键生长期的地面实测 LAI 数据并计算各生长期 LAI 平均值、标准差及变异系数，结果如图 6.10 和表 6.5 所示。

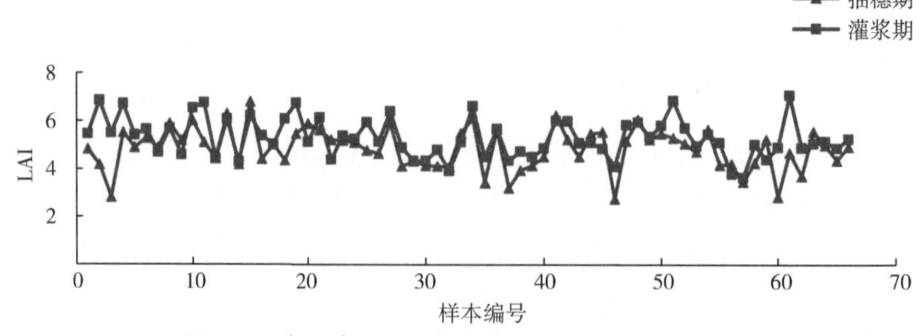

图 6.10　冬小麦不同生长期地面实测 LAI 数据变化情

表 6.5　冬小麦不同生长期地面实测 LAI 统计

生长期	样本个数	最小值	最大值	均值	标准差	变异系数
抽穗期（2021 年 4 月 27 日）	66	2.73	6.80	4.84	0.88	0.18
灌浆期（2021 年 5 月 27 日）	66	3.64	7.08	5.32	0.82	0.15
总体	132	2.73	7.08	5.08	0.88	0.17

由图 6.10 可以看出，2 个生长期的冬小麦实测 LAI 值较为接近，灌浆期 LAI 值总体略高于抽穗期。由表 6.5 统计可知，冬小麦抽穗期 LAI 的变化范围为 2.73～6.80，均值为 4.84，标准差为 0.88，变异系数为 0.18；灌浆期 LAI 变化范围为 3.64～7.08，均值为 5.32，标准差为 0.82，变异系数为 0.15。与抽穗期相比，灌浆期冬小麦 LAI 值分布更为集中，差异更小。这是随着生长期的推进，冬小麦株高、叶片数及叶片覆盖度还在增加所带来的变化。冬小麦两生长期样本合并后，LAI 变化范围为 2.73～7.08，均值变为 5.08，标准差为 0.88，变异系数为 0.17。

在不同的生长期，冬小麦叶片色素、细胞结构及水分含量的变化导致其光谱反射率也会发生变化。为探究不同生长期下冬小麦光谱反射率的变化情况，研究将同一地块的冬小麦抽穗期和灌浆期光谱反射率进行对比，结果如图 6.11 所示。此外，为探究不同 LAI 值下冬小麦光谱反射率的变化情况，研究选取组合样本中 LAI 最大值点（灌浆期样本编号 61，LAI = 7.08）、最小值（抽穗期样本编号 46，LAI = 2.73）以及接近总体平均值的样本（抽穗期样本编号 52，LAI = 5.07）所对应的光谱反射率进行对比，结果如图 6.12 所示。

从图中可以看出，不同生长期和 LAI 值时冬小麦冠层反射率的变化趋势大致相同，即在 400～780 nm 的可见光范围内呈现先上升再下降趋势，在 780～850 nm 的近红外波段范围内反射率以斜率近乎垂直的状态激增，至 850 nm 处达到最大值。随后在 850～2 200 nm 范围内，

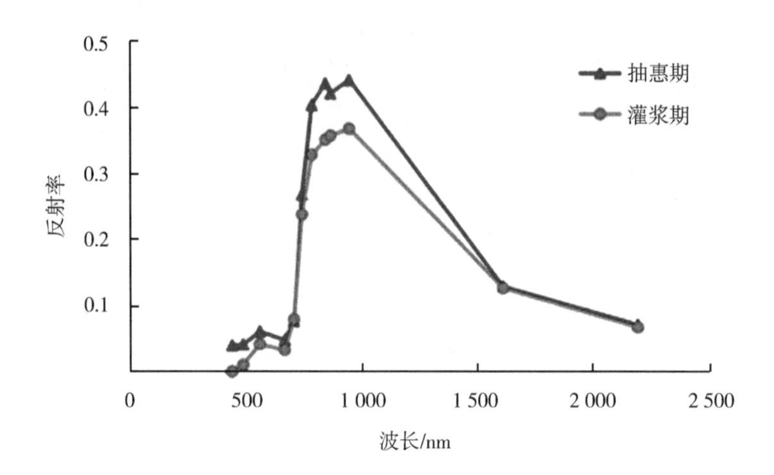

图 6.11　冬小麦不同生长期下 Sentinel-2 反射率

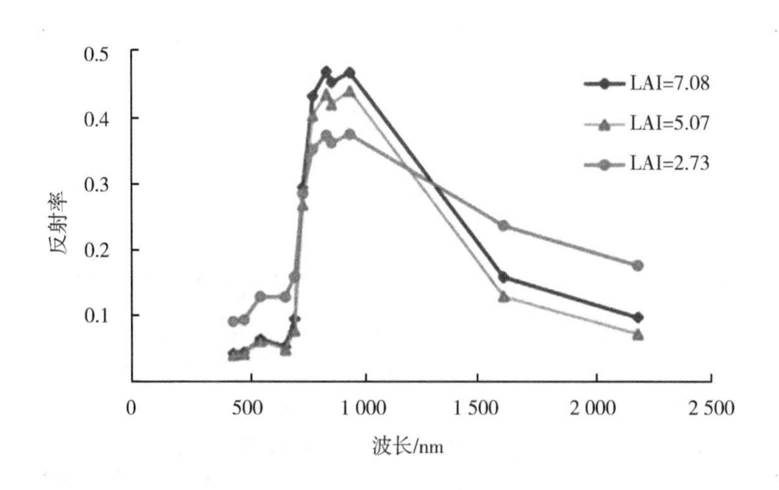

图 6.12　冬小麦不同 LAI 值下 Sentinel-2 反射率

光谱反射率随波长的增减而减小。冬小麦抽穗期和灌浆期的光谱反射率差异主要体现在可见光和近红外波段范围内。在可见光波段内，光谱反射率主要受叶的色素影响，其中叶绿素起着最重要的作用。灌浆期冬小麦叶片开始泛黄，叶绿素含量较抽穗期有所下降，因而其在可见光波段的光谱反射率低于抽穗期。近红外波段内农作物的光谱特征取决于叶片内部的细胞结构。由此可知，冬小麦由抽穗期到灌浆期的发展过程中，叶片内部的细胞结构发生了较大变化。在 LAI 取值不同的情况下，最大值点（LAI = 7. 08）和均值点（LAI = 5. 07）的光谱反射率较为接近，最小值点的光谱反射率与二者差别较大。这是由于最小值点的冬小麦植株稀疏，Sentinel-2 在该样本点处捕获的光谱反射率中还掺杂了土壤的光谱特征，导致该点冬小麦光谱反射率被整体抬高。在这种情况下，最小值点在近红外波段的光谱反射率仍低于均值点和最高值点，并且随着 LAI 值的增大光谱反射率也增大，说明 LAI 与近红外波段存在正相关关系。

第四节　冬小麦 LAI 与植被指数等影响因子的相关性分析

冬小麦不同生长期实测 LAI 与 Sentinel-2 多光谱影像单波段反射率及植被指数的相关性分析结果如表 6. 6 所示。

表 6. 6　Sentinel-2 波段反射率及植被指数与实测 LAI 相关关系

影响因子类型	影响因子	抽穗期（n=66）	灌浆期（n=66）	两期组合（n=132）
波段反射率	B1	−0. 302	−0. 365*	−0. 174
	B2	−0. 297	−0. 371*	−0. 204
	B3	−0. 275	−0. 401*	−0. 306*
	B4	−0. 247	−0. 383*	−0. 311*
	B5	−0. 227	−0. 346*	−0. 294*
	B6	−0. 230	−0. 187	−0. 049
	B7	−0. 387*	−0. 058	−0. 197
	B8	−0. 381*	−0. 086	−0. 202
	B8A	−0. 376*	−0. 104	−0. 219

续表

影响因子类型	影响因子	抽穗期（n=66）	灌浆期（n=66）	两期组合（n=132）
植被指数	SAVI	-0.298	-0.346*	-0.321*
	DVI	-0.369*	-0.279	-0.292*
	RVI	-0.322*	-0.218	-0.230*
	GNDVI	-0.350*	-0.359*	-0.345*
	IRECI	-0.347*	-0.208	-0.268*
	NDVI	-0.298	-0.346*	-0.321*
	EVI	-0.215	-0.317*	-0.228*
	MTCI	-0.038	-0.214	-0.083

注：*表示相关系数显著性水平为0.001。

由表可知，对于波段反射率，冬小麦2个生长期与LAI相关性达到显著0.001水平的反射率波段不同。抽穗期，与冬小麦LAI相关性较高的波段为B7、B8和B8A波段，其中B7波段的表现最好，相关系数为0.387。在灌浆期，B1、B2、B3、B4和B5波段反射率与LAI相关性显著，其中B3波段相关性最高，相关系数为-0.401。组合样本与LAI相关性较高的波段有3个，分别为B3、B4和B5。无论从数值上还是个数上，组合样本的表现不如单期样本表现好。从植被指数方面看，抽穗期与LAI相关性较高的指数有DVI、RVI、GNDVI和IRECI。DVI的相关性最高，相关系数为0.369。灌浆期与LAI相关性较高的指数也有4个，分别为SAVI、GNDVI、NDVI和EVI。GNDVI的相关性最高，相关系数为0.359。从组合样本上看，与LAI相关性较高的指数有7个，除MTCI外的指数都表现出较高的相关性。

第五节　不同模型反演冬小麦LAI的精度比较

基于训练样本和各生长期筛选的关键影响因子，分别使用SquezzeNet、RF 和 SVR 方法构建冬小麦冠层 LAI 定量反演模型，建模结果如表 6.7 所示。通过对比 LAI 预测值和地面真值来评估每个模型的预测结果，图 6.13 至图 6.15 为不同生长期下验证样本真值和估测值的散点图。对 LAI 实测和预测数据进行回归分析，为 SqueezeNet、RF 和 SVR 模型找到相应的拟合线（图中黑色实线）并将其与 1∶1 线（即 LAI 预测值与真实值相等点的连线，图中黑色虚线）对比分析。

表 6.7　SqueezeNet、RF 和 SVR 模型评价指标对比

评价指标	抽穗期			灌浆期			总体		
	SqueezeNet	RF	SVR	SqueezeNet	RF	SVR	SqueezeNet	RF	SVR
R^2	0.719 0	0.633 8	0.605 8	0.780 8	0.691 8	0.657 2	0.859 3	0.747 2	0.714 4
RMSE	0.531 2	0.615 6	0.621 3	0.539 2	0.603 5	0.625 5	0.465 5	0.503 0	0.540 5

从图 6.13 中可以看出，在冬小麦抽穗期，SqueezeNet、RF 和 SVR 方法得到拟合线均与 1∶1 线有交叉。交叉点在 LAI 实测值为 5 的附近，说明 3 种模型都存在 LAI 实测值小于 5 的点被高估及 LAI 实测值大于 5 的点被低估的现象。在 3 条拟合线中，SqueezeNet 拟合线与 1∶1 线最接近，预测效果最好。从评价指标来看，SqueezeNet 方法的 R^2 为 0.719，RMSE 为 0.531 2；RF 方法的 R^2 为 0.633 8，RMSE 为 0.615 6；SVR 方法的 R^2 为 0.605 8，RMSE 为 0.621 3。3 个方法的 R^2 都高于 0.6，说明 3 种方法都适用于卫星多光谱反演冬小麦冠层 LAI 研究。其中 SqueezeNet 方法 R^2 最高，RMSE 最低，模型稳定性和预测效果较好，RF 和 SVR 方法的 R^2 和 RMSE 较为接近，模型的稳定性与预测效果与 SqueezeNet 存在一定差距，表现较差。因此，SqueezeNet 为冬小麦抽穗期 LAI 最佳建模方法。

从图 6.14 中可以看出，在冬小麦灌浆期，SqueezeNet、RF 和 SVR 方法得到拟合线均与 1∶1 线有交叉。其中 SqueezeNet 的交叉点在 LAI 实测值为 3 的附近，存在较多 LAI 实测值大于 3 的点被低估的现象。

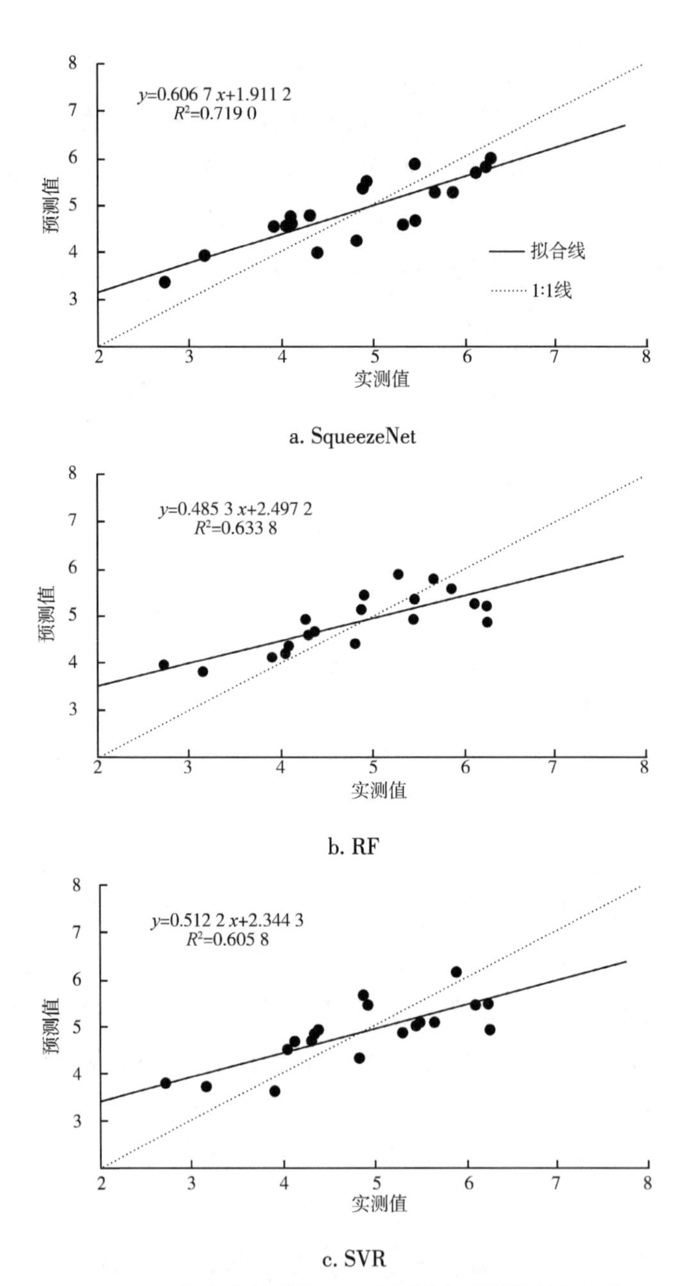

a. SqueezeNet

b. RF

c. SVR

图 6.13　冬小麦抽穗期 LAI 实测值与预测值的回归线

而 RF、SVR 拟合线与 1：1 线的交叉点在 LAI 实测值为 5 附近，存在 LAI 实测值小于 5 的点被高估及 LAI 实测值大于 5 的点被低估的现象。在 3 条拟合线中，SqueezeNet 拟合线与 1：1 线最接近，预测效果最好。从评价指标来看，SqueezeNet 方法的 R^2 为 0.780 8，RMSE 为 0.539 2；RF 方法的 R^2 为 0.691 8，RMSE 为 0.603 5；SVR 方法的 R^2 为 0.657 2，RMSE 为 0.625 5。3 个方法的 R^2 都高于 0.6，说明 3 种方法都适用于卫星多光谱反演冬小麦冠层 LAI 研究。其中 SqueezeNet 方法 R^2 最高，RMSE 最低，模型稳定性和预测效果较好。SVR 方法 R^2 最低，RMSE 最高，模型稳定性和预测效果较差。RF 方法处于二者之间，模型的模型稳定性和预测效果一般。因此，SqueezeNet 为冬小麦灌浆期 LAI 最佳建模方法。

与抽穗期相比，冬小麦光灌浆期 SqueezeNet 的 R^2 提高了 8.6 %，RMSE 提高了 1.5 %；RF 的 R^2 提高了 9.2 %，RMSE 降低了 2 %；SVR 方法的 R^2 提高了 8.5 %，RMSE 提高了 1 %。总体而言，3 种方法较抽穗期的预测精度均有所提升。其中 RF 方法提升程度最大，SqueezeNet 和 SVR 提

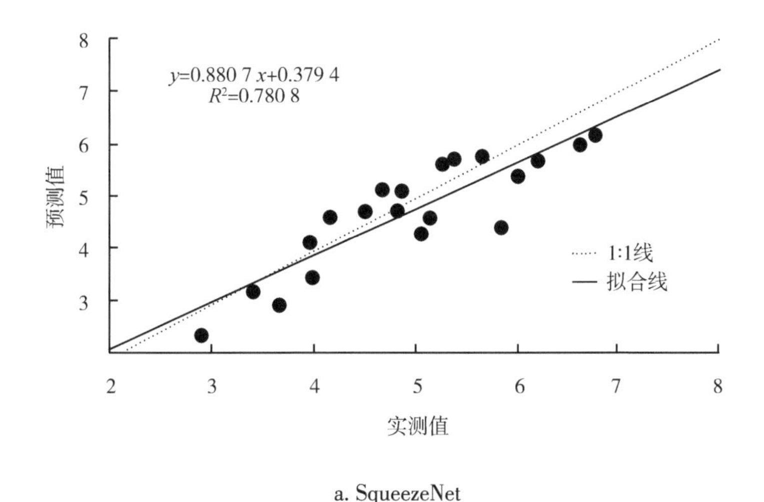

a. SqueezeNet

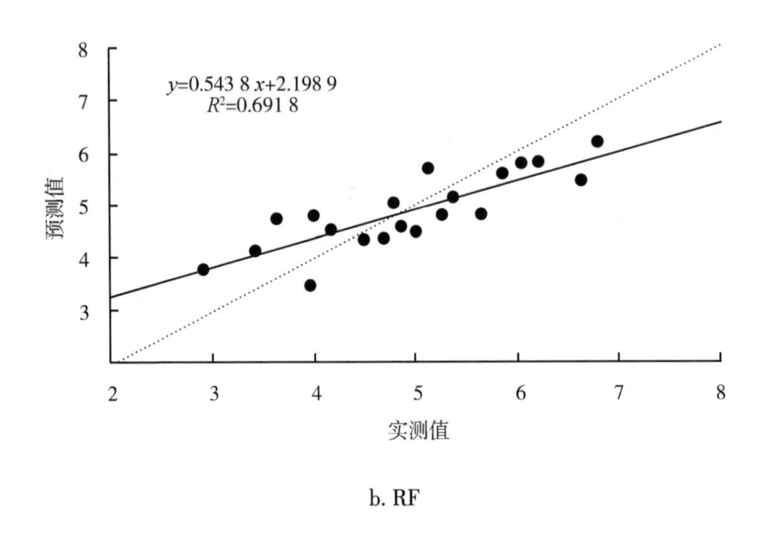

b. RF

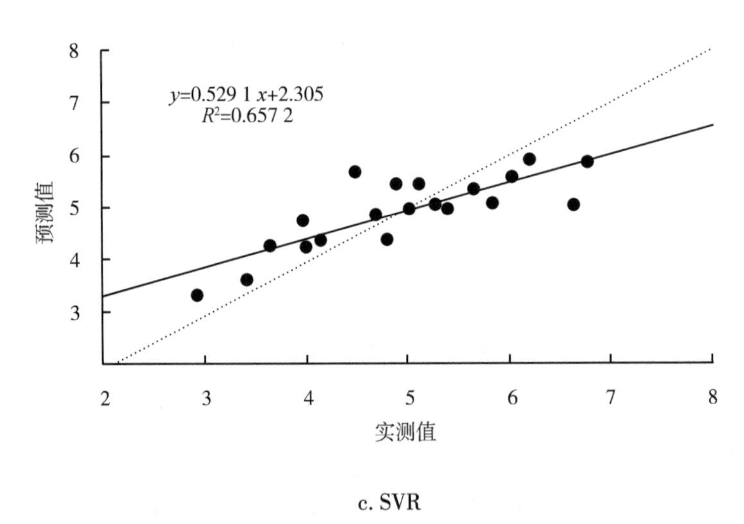

c. SVR

图 6.14 冬小麦灌浆期 LAI 实测值与预测值的回归线

升程度较为接近。

从图 6.15 中可以看出，在复合生长阶段，SqueezeNet、RF 和 SVR 方法得到拟合线均与 1 : 1 线有交叉。其中 SqueezeNet 的交叉点在 LAI 实测值为 4 的附近，存在较多 LAI 实测值大于 4 的点被低估的现象。

而 RF、SVR 拟合线与 1：1 线的交叉点在 LAI 实测值为 5 附近，存在较多 LAI 实测值小于 5 的点被高估及 LAI 实测值大于 5 的点被低估的现象。在 3 条拟合线均与 1：1 线接近，预测效果都不错。从评价指标来看，SqueezeNet 方法的 R^2 为 0. 859 3，RMSE 为 0. 465 5；RF 方法的 R^2 为 0. 747 2，RMSE 为 0. 503 0；SVR 方法的 R^2 为 0. 714 4，RMSE 为 0. 540 5。3 个方法的 R^2 都在 0. 7 以上，说明 3 种方法都能较好实现卫星多光谱冬小麦冠层 LAI 反演。其中 SqueezeNet 方法 R^2 最高，RMSE 最低，模型稳定性和预测效果最优。

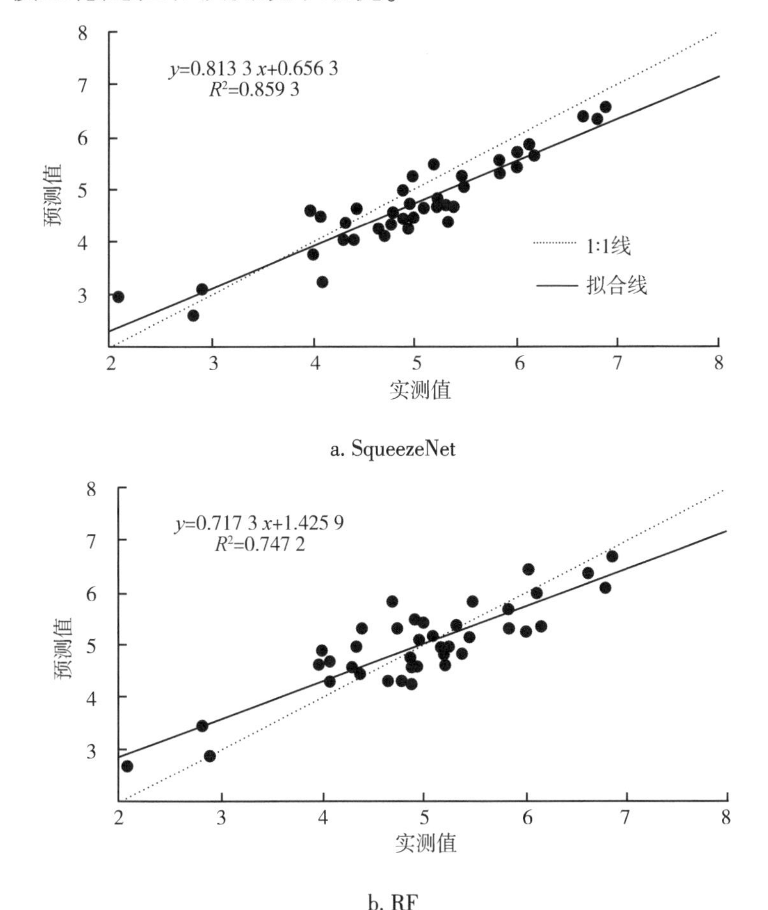

a. SqueezeNet

b. RF

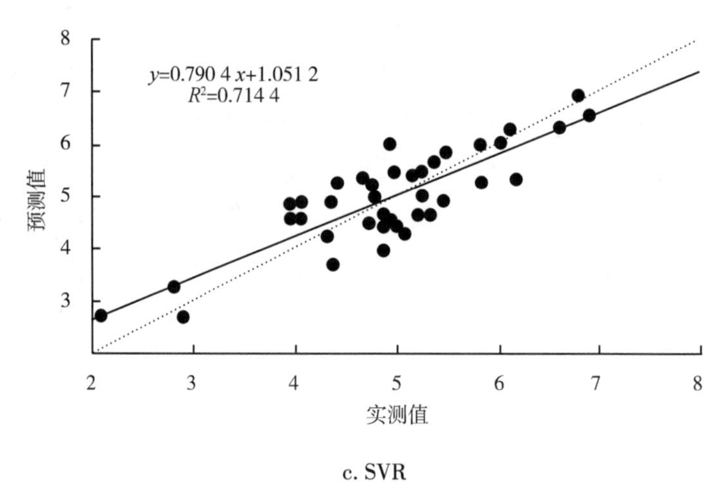

c. SVR

图 6.15 冬小麦复合生长阶段 LAI 实测值与预测值的回归线

与灌浆期相比，在复合生长阶段下 SqueezeNet 的 R^2 提高了10 %，RMSE 降低了 13.7 %；RF 的 R^2 提高了 8 %，RMSE 降低了 16.7 %；SVR 方法的 R^2 提高了 8.7 %，RMSE 降低了 13.6 %。3 种方法的预测精度均有大幅度提升。

综上所述，在数据选择上，使用冬小麦灌浆期数据估算 LAI 的效果优于抽穗期数据，使用 2 期组合样本数据估算 LAI 的效果要优于单一生长阶段。在模型选择上，3 种方法都适用于冬小麦 LAI 遥感反演，其中 SqueezeNet 方法最优，RF 次之，SVR 较差。分析主要原因在于，与浅层方法（RF、SVR）相比，SqueezeNet 模型能够从数据中提取关键特征进行预测，它对输入数据的依赖性更小（Chlingaryan et al.，2018；LeCun et al.，2015）。也就是说，除去人工挑选的植被指数特征外，该模型还挖掘到了对预测更有用的其他特征信息。

第六节　本 章 小 结

叶面积指数（LAI）是描述冬小麦冠层结构的重要参数，对于冬小麦长势监测、生长期判断和产量预测具有重要意义。本章利用 Sentinel-2 采集的多光谱遥感数据结合冬小麦的地面同步测量数据，获得了抽穗期和灌浆期的冬小麦 LAI。分析光谱反射率及植被指数与 LAI 的相关性，选取不同生长期与 LAI 显著相关的影响因子，训练 SqueezeNet、随机森林（RF）和支持向量回归（SVR）模型预测冬小麦 LAI。根据决定系数 R^2 和均方根误差（RMSE）的度量来选择最优模型。试验结果如下。

冬小麦 LAI 与植被指数密切相关。然而以往研究多使用单一的植被指数进行遥感估算，调查的植被指数数量相对较少。单一植被指数仅包含某一波段的信息，可能具有不同的饱和度。因此，使用单一植被指数建立的 LAI 反演模型泛化能力差。在本章研究中，使用多个生长期和多种植被指数估算冬小麦 LAI。这种方法对不同生长期的冬小麦 LAI 都进行了相对全面的估算。

除了输入变量（光谱反射率和植被指数）外，选择合适的反演模型也是提高 LAI 遥感反演准确率的关键。研究首次将 SqueezeNet 模型引入冬小麦 LAI 反演研究中，并分别对冬小麦抽穗期、灌浆期及总生长期进行了 LAI 估算。研究表明，3 期数据下，SqueezeNet 模型都优于 RF 和 SVR 模型。其在复合生长阶段数据上表现最优，R^2 为 0. 859 3，RMSE 为 0. 465 5；在抽穗期数据上表现较差，R^2 为 0. 719 0，RMSE 为 0. 531 2。

第七章　结论及展望

第一节　主要结论

农作物分类与生物学参数反演是长势监测、面积估算、种植结构调整与优化等农业应用的基础。遥感技术为区域农作物生长信息快速准确获取提供了有效手段。不同遥感数据源与不同分类方法有各自的独特优势。深度学习方法能深层次地挖掘及优选分类特征，端到端的自动化学习，可有效提高分类精度与效率。另外，深度学习方法在表达数据的非线性关系时有着传统回归方法无可比拟的优势，也有利于生长参数反演精度的进一步提高。Sentinel-2 影像红边波段对监测植被健康信息非常有效，对地块破碎、种植复杂地区农作物识别能力更强。极化 SAR 数据在旱地作物的关键生长期，弥补了多云雨天气下光学遥感数据的不足，对于旱地作物分类和土壤水分反演意义重大。

因此，本书使用卫星多光谱遥感影像与极化 SAR 数据，采用机器学习、深度学习等方法，分别对种植结构复杂区农作物精细分类、水稻分类、旱地作物分类、冬小麦叶面积指数反演进行研究。研究所得结论如下。

学习率和批样本量 2 个参数对深度学习模型的分类精度有较大影响。其中，学习率与 3 种深度学习模型的分类精度呈正相关关系，较大的学习率（0.01，0.001）下，3 种模型收敛速度快，分类精度高，较小学习率（0.000 1）下，3 种模型收敛速度慢，分类精度低。批样本量与模型分类稳定性密切相关，与 32、64 批样本量相比，100 批样本量下，3 种模型的分类稳定性最好。

在研究区农作物精细分类过程中，U-Net 模型分类效果最好，总体分类精度为 89. 32 %，相比 PSPNet、DeepLabv3+模型的总体精度分别提高了 6. 30 %和 1. 31 %；Kappa 系数为 0. 873 3，分别提高了 7. 43 %和 1. 57 %。U-Net 模型在保证春玉米、夏玉米大宗农作物高精度分类的同时，对花生、红薯、蔬菜小宗农作物也能较好地提取，更适合种植结构复杂区农作物精细分类。

7 类典型地物的光谱特征在 Sentinel-2 影像上，红、绿、蓝波段各地物光谱差异小，难以区分，而红边波段、近红外波段各地物反射率变化则较为明显，为区分地物类型提供依据。

与无红边波段相比，有红边波段的 5 个时相影像上水稻与其他地物之间的 J-M 距离均增加，其中 8 月 2 日林地-水稻、茭白-水稻 J-M 距离分别为 1. 976 和 2. 000，可分离能力最优，8 月 17 日其他植被-水稻、水稻-水体、建筑-水稻、大棚-水稻 J-M 距离均最大。从总体分类精度来看，8 月 17 日最高为 91. 58 %，8 月 2 日最低为 87. 94 %；从水稻制图精度来看，8 月 17 日最高为 92. 89 %，5 月 24 日最低为 74. 14 %。由此得到 8 月 17 日影像水稻与其他地物间可分离性最好，总体分类精度、水稻制图精度也为最高，即在水稻生长拔节期时做适合进行水稻分类研究。

Sentinel-2 影像中 3 个红边波段不同组合参与分类，水稻识别能力 Band6（红边波段 2）>Band7（红边波段 3）优于 Band5（红边波段 1）；3 个红边波段均参与分类时，总体分类精度最高，为 91. 58 %，Kappa 系数为 0. 89，水稻制图精度为 92. 89 %；随机森林重要性排序结果与不同红边条件下分类精度比较的结果相吻合，即利用 Sentinel-2 影像提取水稻时，红边波段 2、红边波段 3 发挥重要作用，需要着重关注。

明确了深州市旱地作物SAR分类的最佳时相。玉米和棉花的后向散射特征随时相变化明显，尤其在生长前期2种农作物的各项特征变化和其他地物都有明显的区别，而树林、建筑和水体的各项特征相对稳定，可以初步判断生长前期是玉米、棉花识别的关键时相。此后分析特征选择的结果能够进一步明确，深州市旱地作物极化SAR分类的最佳时相是生长前期的2个时相（6月3日和6月27日）。

发展了一种极化SAR分类特征优选方法，确定了旱地作物极化SAR分类的关键特征。3类特征中，强度特征与极化分解特征重要性更加突出。强度特征中交叉极化的后向散射系数（C22）最为重要，极化分解特征中，Cloude分解的极化散射角 α 和香农熵、Freeman分解的体散射分量，纹理特征中的均值信息也表现出了较高的重要性。

确定了适合旱地作物极化SAR分类的特征排序方法和分类算法。特征选择算法中，极限树（ET-MDI）的效果最好，最适合旱地作物极化SAR分类的特征选择。使用极限树算法优选的特征集参与随机森林分类，能用总特征数的1/10达到与总特征集相近的分类精度。使用相同特征集，随机森林的分类精度高于支持向量机。且随机森林受特征数的影响较小，稳定性强于支持向量机。

在冬小麦叶面积指数反演过程中，冬小麦LAI与植被指数的相关性要强于单波段光谱反射率。在提取的8个植被指数中，GNDVI在抽穗期、灌浆期和复合生长阶段都与冬小麦LAI显著正相关。SAVI、DVI、RVI、IRECI、NDVI和EVI达到了2期数据与冬小麦LAI正相关关系。但是在冬小麦的不同生长时期，植被指数和LAI的关系变化较大，因此，需在不同生育时期建立不同的反演模型，以达到更好的预测结果。

冬小麦LAI反演研究将筛选的关键影响因子为自变量，分别利用SqueezeNet、随机森林回归和支持向量机（SVM）方法建立不同生长期冬小麦LAI反演模型。结果表明，不同生长期下，反演模型的反演结果排名一致，即 SqueezeNet 模型反演精度最高，随机森林模型次之，支持向量机回归模型最低。SqueezeNet 在复合生长阶段数据上表现最优，R^2 为 0.859 3，RMSE 为 0.465 5；在灌浆期数据上表现次之，R^2 为 0.780 8，RMSE 为 0.539 2；在抽穗期数据上表现较差，R^2 为 0.719 0，RMSE 为 0.531 2。

第二节　研究创新点

目前，农作物分类及长势监测方法主要采用支持向量机、随机森林等流行机器学习方法。然而，这些浅层学习方法在有限样本量下表达数据间非线性关系的能力差，遥感影像所蕴含的特征信息不能被充分挖掘，农作物分类及长势监测的精度还存在较大的提升空间。深度学习作为一门新兴方法，可有效提取多尺度、多层次特征并将这些特征组合抽象成高层次特征，在农作物分类和长势监测方面表现出巨大的应用潜力。针对这一问题，本书在华北平原展开基于深度学习模型的农作物分类与长势监测研究。

水稻空间分布和面积提取的研究中，多使用 MODIS、Landsat、GF-1/WFV 系列卫星数据源，相较之下，Sentinel-2 影像相对 MODIS、Landsat、GF-1 WFV 影像来说空间分辨率更高，对地块破碎、种植复杂地区农作物识别能力更强，另外还包含红边波段，对监测植被健康信息非常有效。利用红边波段进行农情监测、农作物监测方面已取得了一定的进展，但适合水稻提取的红边波段范围与物候期尚未明确，影响水稻面积遥感监测的精度和效率。针对上述问题，本研究以浙江省德清县为研究区，优选出适合水稻提取的红边波段类型及时相，为改善南方地区水稻提取精度提供依据。

随着雷达遥感技术的发展，雷达作为一种可以实现全天时全天候的大面积观测的技术，已经广泛应用于农业资源监测。以前雷达遥感在多云多雨的南方区域应用较多，针对我国北方旱地作物的相关研究较少。本书选择河北平原广泛种植的旱地作物（玉米、棉花、小麦）为研究对象，充分利用全极化 SAR 数据提供的目标地物散射的强度和极化信息，开展极化 SAR 旱地作物分类和土壤水分反演研究。

第三节　问题与展望

受科研条件、时间等因素制约，本研究尚存在一定不足，现将存在的主要问题总结如下。

在农作物分类方面，本书所选择的深度学习模型结构取决于研究区的情况和遥感影像分辨率，模型主要通过调整激活函数和参数设置进行的优化，仅适用于复杂种植结构区的农作物分类。因此，深度学习模型结构和最佳参数还需根据实际情况进行调整。下一步将探索深度学习农作物分类模型在空间上的泛化能力。

某一农作物的多时相图像之间的变化特征也是分类该农作物的关键。本书未能将时间特征引入农作物分类体系中，原因在于农作物种植结构复杂区多分布在乡村偏远地区，卫星中心在该区域下达的成像任务较少，获取多时相影像较为困难。未来将采用多源遥感影像，同时提取农作物光谱、空间和时间特征进行分类。

本书通过一系列定性、定量分析确定了旱地作物 SAR 分类的最佳时相和关键特征，还需进行研究区的迁移验证，探究本书优选出的关键特征在其他种植结构相似的地区是否仍然适用，检验本书结论的普适性。

在叶面积指数反演方面，受地面调查数据的限制，仅对冬小麦抽穗期和灌浆期进行了长势监测分析，冬小麦全生长季的生长状况有待进一步探究。

参 考 文 献

程希萌，沈占锋，邢廷炎，等，2016. 基于 mRMR 特征优选算法的多光谱遥感影像分类效率精度分析［J］. 地球信息科学学报，18（6）：815-823.

东朝霞，2016. 基于全极化 SAR 数据的旱地作物识别与生物学参数反演研究［D］. 北京：中国农业科学院.

东朝霞，王迪，周清波，等，2016. 基于 SAR 遥感的北方旱地秋收作物识别研究［J］. 中国农业资源与区划，37（8）：27-36.

高晗，汪长城，杨敏华，等，2019. 基于高分三号极化 SAR 数据的农作物散射特性分析及分类［J］. 测绘工程，28（3）：50-56.

郭昱杉，刘庆生，刘高焕，等，2017. 基于 MODIS 时序 NDVI 主要农作物种植信息提取研究［J］. 自然资源学报，32（10）：1808-1818.

贺原惠子，王长林，贾慧聪，等，2018. 基于随机森林算法的冬小麦提取研究［J］. 遥感技术与应用，33（6）：1132-1140.

化国强，王晶晶，黄晓军，等，2011. 基于全极化 SAR 数据散射机理的农作物分类［J］. 江苏农业学报，27（5）：978-982.

黄丛吾，陈报章，马超群，等，2018. 基于极端随机树方法的 WRF-CMAQ-MOS 模型研究［J］. 气象学报，76（5）：779-789.

李剑剑，朱小华，马灵玲，2017. 基于无人机高光谱数据的多类型混合作物 LAI 反演及尺度效应分析［J］. 遥感技术与应用，32（3）：427-434.

李晓慧，王宏，李晓兵，等，2019. 基于多时相 Landsat 8 OLI 影像的农作物遥感分类研究［J］. 遥感技术与应用，34（2）：389-397.
李志铭，赵静，兰玉彬，等，2020. 基于无人机可见光图像的作物分类研究［J］. 西北农林科技大学学报（自然科学版），48（6）：137-144.
梁继，郑镇炜，夏诗婷，等，2020. 高分六号红边特征的农作物识别与评估［J］. 遥感学报，24（10）：1168-1179.
刘佳，王利民，滕飞，等，2016. RapidEye 卫星红边波段对作物面积提取精度的影响［J］. 农业工程学报，32（13）：140-148.
刘佳，王利民，杨福刚，等，2015. 基于 HJ 时间序列数据的农作物种植面积估算［J］. 农业工程学报，31（3）：199-206.
刘哲，刘帝佑，朱德海，等，2018. 作物遥感精细识别与自动制图研究进展与展望［J］. 农业机械学报，49（12）：1-12.
卢元兵，李华朋，张树清，2021. 基于混合 3D-2D CNN 的多时相遥感农作物分类［J］. 农业工程学报，37（13）：142-151.
史舟，梁宗正，杨媛媛，等，2015. 农业遥感研究现状与展望［J］. 农业机械学报，46（2）：247-260.
孙政，2020. 多时相极化 SAR 数据的旱地作物分类研究［D］. 北京：中国农业科学院.
谭玉敏，夏玮，2014. 基于最佳波段组合的高光谱遥感影像分类［J］. 测绘与空间地理信息，37（4）：19-22.
王迪，周清波，陈仲新，等，2014. 基于合成孔径雷达的农作物识别研究进展［J］. 农业工程学报，30（16）：203-212.
王庚泽，靳海亮，顾晓鹤，等，2021. 基于改进分离阈值特征优选的秋季作物遥感分类［J］. 农业机械学报，52（2）：199-210.
王娜，李强子，杜鑫，等，2017. 单变量特征选择的苏北地区主要农作物遥感识别［J］. 遥感学报，21（4）：519-530.
王希群，马履一，贾忠奎，等，2005. 叶面积指数的研究和应用进展［J］. 生态学杂志（5）：537-541.
王秀珍，黄敬峰，李云梅，2004. 水稻叶面积指数的高光谱遥感估算模型［J］. 遥感学报，8（1）：81-88.
吴炳方，李强子，2004. 基于两个独立抽样框架的农作物种植面积遥感估算方法［J］. 遥感学报，8（6）：551-569.
吴炳方，曾源，黄进良，2004. 遥感提取植物生理参数 LAI/FPAR 的研究进展与应用［J］. 地球科学进展，4：585-590.
邢艳肖，张毅，李宁，等，2016. 一种联合特征值信息的全极化 SAR 图像监督分类方法［J］. 雷达学报，5（2）：217-227.
胥海威，杨敏华，韩瑞梅，等，2011. 用随机决策树群算法进行高光谱遥感影像分类［J］. 应用科学学报，29（6）：598-604.
杨闫君，占玉林，田庆久，等，2015. 基于 GF-1/WFVNDVI 时间序列数据的作物分类［J］. 农业工程学报，31（11）：155-161.
余刚，2021. 基于多源遥感数据的西兰花不同生育期冠层叶面积指数反演［D］. 银川：宁夏大学.
张健康，程彦培，张发旺，等，2012. 基于多时相遥感影像的作物种植信息提取［J］. 农业工程学报，28（2）：134-141.
张鹏，胡守庚，2019. 地块尺度的复杂种植区作物遥感精细分类［J］. 农业工程学报，35（20）：125-134.
邹斌，张腊梅，孙德明，等，2009. PolSAR 图像信息提取技术及应用的发展［J］. 遥感技术与应用，24（3）：263-273.
BREIMAN L，2001. Random forests，machine learning［J］. Journal of clinical microbiology，2：199-228.
BUNNIK N，1978. The multispectral reflectance of shortwave radiation by agricultural crops in relation with their morphological and optical

properties [M]. Wageningen University and Research, Landbouwhogeschool.

CHIRAKKAL S, HALDAR D, MISRA A, 2019. A knowledge-based approach for discriminating multi-crop scenarios using multi-temporal polarimetric SAR parameters [J]. International journal of remote sensing, 40 (9/10): 4002-4018.

CORTES C, VAPNIK V, 2009. Support-vector networks [J]. Chemical biology & drug design, 297 (3): 273-297.

CUI J, ZHANG X, WANG W, et al., 2020. Integration of optical and SAR remote sensing images for crop-type mapping based on a novel object-oriented feature selection method [J]. International journal of agricultural and biological engineering, 13 (1): 178-190.

DICKINSON C, SIQUEIRA P, CLEWLEY D, et al., 2013. Classification of forest composition using polarimetric decomposition in multiple landscapes [J]. Remote sensing of environment: an interdisciplinary journal, 131: 206-214.

GEURTS P, ERNST D, WEHENKEL L, 2006. Extremely randomized trees [J]. Machine learning, 63 (1): 3-42.

GHOSH A, SHARMA R, JOSHI P K, 2014. Random forest classification of urban landscape using Landsat archive and ancillary da ta: Combining seasonal maps with decision level fusion [J]. Applied geography, 48 (2): 31-41.

GILBERTSON J K, NIEKERK A V, 2017. Value of dimensionality reduction for crop differentiation with multi-temporal imagery and machine learning [J]. Computers & electronics in agriculture, 142: 50-58.

GREGORUTTI B, MICHEL B, SAINT-PIERRE P, 2017. Correlation and variable importance in random forests [J]. Statistics and computing, 27 (3): 659-678.

GUYON I, WESTON J, BARNHILL S, et al., 2002. Gene Selection for Cancer Classification using Support Vector Machines [J]. Machine learning, 46 (1-3): 389-422.

HARIHARAN S, MANDAL D, TIRODKAR S, et al., 2018. A novel phenology based feature subset selection technique using random forest for multitemporal polSAR crop classification [J]. IEEE journal of selected topics in applied earth observations & remote sensing, 11 (11): 4244-4258.

HU Q, SULLA-MENASHE D, XU B, et al., 2019. A phenology-based spectral and temporal feature selection method for crop mapping from satellite time series [J]. International journal of applied earth observation and geoinformation, 80: 218-229.

IMMITZER M, VUOLO F, ATZBERGER C, 2016. First experience with Sentinel-2 data for crop and tree species classifications in central Europe [J]. Remote sensing, 8 (3): 166.

KANG Y, MENG Q, LIU M, et al., 2021. Crop classification based on red edge features analysis of GF-6 WFV data [J]. Sensors, 21: 4328.

KHOSRAVI I, SAFARI A, HOMAYOUNI S, 2018. MSMD: maximum separability and minimum dependency feature selection for cropland classification from optical and radar data [J]. International journal of remote sensing, 39 (8): 2159-2176.

KRASKOV A, STGBAUER H, GRASSBERGER P, 2004. Estimating Mutual Information [J]. Physical review E, 69 (6): 66138.

KUSSUL N, LAVRENIUK M, SKAKUN S, 2017. Deep learning classification of land cover and crop types using remote sensing data [J]. IEEE geoscience and remote sensing letters, 14 (5): 778-782.

LABAN N, ABDELLATIF B, EBEID H M, et al., 2021. Sparse pixel training of convolutional neural networks for land cover classification [J]. IEEE access, 9: 52067-52078.

LANGLEY B P, 1997. Selection of relevant features and examples in machine learning [J]. Artificial intelligence, 97 (1-2): 245-271.

LI H, ZHANG C, ZHANG S, et al., 2019. Full year crop monitoring and separability assessment with fully-polarimetric L-band UAVSAR: A case study in the Sacramento Valley, California [J]. International journal of applied earth observation and geoinformation, 74: 45-56.

LIAO C, WANG J, XIE Q, et al., 2020. Synergistic use of multi-temporal RADARSAT-2 and VENμS data for crop classification based on 1D convolutional neural network [J]. Remote sensing, 12 (5): 832.

LINDEN S, RABE A, HELD M, et al., 2015. The EnMAP-box—a toolbox and application programming interface for EnMAP data processing [J]. Remote sensing, 7 (9): 11249-11266.

LIU C A, CHEN Z, WANG D, et al., 2019. Assessment of the X- and C-band polarimetric SAR data for plastic-mulched farmland classification [J]. Remote sensing, 11 (6): 660.

LIU H, LEI Y, 2005. Toward integrating feature selection algorithms for classification and clustering [J]. IEEE transactions on knowledge & data engineering, 17 (4): 491-502.

MA L, LIU Y, ZHANG X, et al., 2019. Deep learning in remote sensing applications: A meta-analysis and review [J]. ISPRS journal of photogrammetry and remote sensing, 152: 166-177.

MERCIER, AUDREY, BETBEDER, et al., 2019a. Evaluation of Sentinel-1 and 2 time series for land cover classification of forest – agriculture mosaics in temperate and tropical landscapes [J]. Remote sensing, 11 (8): 979.

MERCIER, AUDREY, BETBEDER, et al., 2019b. Evaluation of Sentinel-1 and 2 time series for land cover classification of forest – agriculture mosaics in temperate and tropical landscapes [J]. Remote sensing, 11 (8): 979.

MULLISSA A G, PERSELLO C, TOLPEKIN V, 2018. Fully convolutional networks for multi-temporal SAR image classification [C]. IGARSS 2018-2018 IEEE international geoscience and remote sensing symposium, 6635-6638.

ORYNBAIKYZY A, GESSNER U, MACK B, et al., 2020. Crop type classification using fusion of Sentinel-1 and Sentinel-2 data: assessing the impact of feature selection, optical sata availability, and parcel sizeson the accuracies [J]. Remote sensing, 12: 2779.

Pan Y, Li L, Zhang J, et al., 2012. Winter wheat area estimation from MODIS-EVI time series data using the crop proportion phenology index [J]. Remote sensing of environment, 119: 232-242.

RACZKO E, ZAGAJEWSKI B, 2017. Comparison of support vector machine, random forest and neural network classifiers for tree species classification on airborne hyperspectral APEX images [J]. European journal of remote sensing, 50 (1): 144-154.

RADOUX J, CHOMé G, JACQUES D C, et al., 2016. Sentinel-2's potential for sub-pixel landscape feature detection [J]. Remote sensing, 8 (6): 488.

ROSS B C, 2014. Mutual information between discrete and continuous data sets [J]. PLoS one, 9 (2): e87357.

SALEHI B, DANESHFAR B, DAVIDSON A M, 2017. Accurate crop-type classification using multi-temporal optical and multi-polarization SAR data in an object-based image analysis framework [J]. International journal of remote sensing, 38 (13/14): 4130-4155.

SAMAT A, PERSELLO C, LIU S, et al., 2018. Classification of VHR multispectral images using extratrees and maximally stable extremal region-guided morphological profile [J]. IEEE journal of selected topics in applied earth observations and remote sensing, 11 (9): 3179-3195.

SILVA W F, RUDORFF B F T, FORMAGGIO A R, et al., 2009. Discrimination of agricultural crops in a tropical semi-arid region of Brazil based on L-band polarimetric airborne SAR data [J]. ISPRS journal of photogrammetry and remote sensing, 64 (5): 458-463.

SKRIVER H, MATTIA F, SATALINO G, et al., 2011. Crop classification using short-revisit multitemporal SAR data [J]. IEEE journal of selected topics in applied earth observations and remote sensing, 4 (2): 423-431.

SONOBE R, YAMAYA Y, TANI H, et al., 2017. Mapping crop cover using multi-temporal Landsat 8 OLI imagery [J]. International journal of remote sensing, 38 (15): 4348-4361.

SRINET R, NANDY S, PATEL N R, 2019. Estimating leaf area index and light extinction coefficient using Random Forest regression algorithm in a tropical moist deciduous forest, India [J]. Ecological informatics, 52: 94-102.

SUN L, CHEN J, GUO S, et al., 2020. Integration of time series

Sentinel-1 and Sentinel-2 imagery for crop type mapping over Oasis agricultural Areas [J]. Remote sensing, 12: 158.

THANH NOI P, KAPPAS M, 2018. Comparison of random forest, k-nearest neighbor, and support vector machine classifiers for land cover classification using Sentinel-2 imagery [J]. Sensors, 18 (2): 18.

VALI A, COMAI S, MATTEUCCI M, 2020. Deep learning for land use and land cover classification based on hyperspectral and multispectral earth observation data: a review [J]. Remote sensing, 12 (15): 2495.

VILLA P, STROPPIANA D, FONTANELLI G, et al., 2015. In-season mapping of crop type with optical and x-band sar data: a classification tree approach using synoptic seasonal features [J]. Remote sensing, 7: 12859-12886.

VUOLO F, NEUWIRTH M, IMMITZER M, et al., 2018. How much does multi-temporal Sentinel-2 data improve crop type classification [J]. International journal of applied earth observations and geoinformation, 72: 122-130.

WANG D, LIN H, CHEN J, et al., 2010. Application of multi-temporal ENVISAT ASAR data to agricultural area mapping in the Pearl River Delta [J]. International journal of remote sensing, 31 (6): 1555-1572.

WANG D, LIU C A, ZENG Y, et al., 2021. Dryland crop classification combining multitype features and multitemporal quad-polarimetric RADARSAT-2 imagery in Hebei Plain, China [J]. Sensors, 21 (2): 332.

WANG L, DONG Q, YANG L, et al., 2019. Crop classification based on a novel feature filtering and enhancement method [J]. Remote sensing, 11 (4): 455.

WATSON D J, 1947. Comparative physiological studies on the growth of field crops: I. variation in net assimilation rate and leaf area between species and varieties, and within and between years [J]. Annals of botany, 11 (41): 41-76.

YANG L, MANSARAY L, HUANG J, et al., 2019. Optimal segmentation scale parameter, feature subset and classification algorithm for geographic object-based crop recognition using multi-source satellite imagery [J]. Remote sensing, 11 (5): 514.

YANG S, GU L, LI X, et al., 2020. Crop classification method based on optimal feature selection and hybrid CNN-RF networks for multi-temporal remote sensing imagery [J]. Remote sensing, 12 (19): 3119.

YIN L, YOU N, ZHANG G, et al., 2020. Optimizing feature selection of individual crop types for improved crop mapping [J]. Remote sensing, 12 (1): 162.

ZAFARI A, ZURITA-MILLA R, IZQUIERDO-VERDIGUIER E, 2020. Land cover classification using extremely randomized trees: a kernel perspective [J]. IEEE geoscience and remote sensing letters, 17 (10): 1702-1706.

ZEYADA H H, EZZ M M, NASR A H, et al., 2016. Evaluation of the discrimination capability of full polarimetric SAR data for crop classification [J]. International journal of remote sensing, 37 (11): 2585-2603.

ZHONG L, HU L, ZHOU H, 2019. Deep learning based multi-temporal crop classification [J]. Remote sensing of environment, 221: 430-443.

附件　主要符号对照表

英文缩写	英文全称	中文名称
CNN	Convolutional Neural Networks	卷积神经网络
DT	Decision Tree	决策树
ET	Extra-Trees/Extremely Randomized Trees	极限树/极端随机树
FCN	Fully Convolutional Networks	全卷积神经网络
IDL	Interactive Data Language	交互式数据语言
LAI	Leaf Area Index	叶面积指数
MDA	Mean Decrease in Accuracy	平均精度下降/置换重要性
MDI	Mean Decrease in Impurity	平均不纯度下降/基尼系数
MI	Mutual Information	互信息
MLC	Maximum Likelihood Classification	最大似然分类
MLP	Multilayer Perceptron	多层感知器
OA	Overall Accuracy	总体分类精度
Pol-InSAR	Polarimetric Interferometric Synthetic Aperture Radar	极化干涉合成孔径雷达
PolSAR	Polarimetric Synthetic Aperture Radar	全极化合成孔径雷达
Pol-TomoSAR	Polarimetric Synthetic Aperture Radar Tomography	极化层析合成孔径雷达
Radar	RAdio Detection and Ranging	雷达
RF	Random Forest	随机森林
RFE	Recursive Feature Elimination	递归特征消除
RMSE	Root Mean Squared Error	均方根误差

续表

英文缩写	英文全称	中文名称
RNN	Recurrent Neural Networks	递归神经网络
SAR	Synthetic Aperture Radar	合成孔径雷达
SVM	Support Vector Machine	支持向量机
SVR	Support Vector Regression	支持向量回归
XGBoost	eXtreme Gradient Boosting	极端梯度提升